彭军　主编

高等院校环境艺术设计专业实训教材

景观艺术设计与表现

彭军　龚立君　高颖　金纹青　编著

天津大学出版社
TIANJIN UNIVERSITY PRESS

图书在版编目（CIP）数据

景观艺术设计与表现 / 彭军等编著. —天津：天津大学出版社, 2012.10
ISBN 978-7-5618-4524-0（2024.1 重印）

Ⅰ.①景… Ⅱ.①彭… Ⅲ.①景观设计-高等学校-教材 Ⅳ.①TU986.2

中国版本图书馆CIP数据核字（2012）第248775号

出版发行：天津大学出版社
出版人：杨欢
地址：天津市卫津路92号天津大学内
电话：发行部 022-27403647
编辑部 022-27406416
邮编：300072
印刷：廊坊市海涛印刷有限公司
经销：全国各地新华书店
开本：210㎜×285㎜
印张：9
字数：244千字
版次：2013年1月第1版
印次：2024年1月第3次
定价：65.00元

前言

景观艺术学是一门新兴的，具有交叉性、综合性性质的学科。该学科涉及建筑、城市规划、风景园林、环境、生态、社会、艺术等多个领域，是当代科学技术与文化艺术相互交融的产物，涵盖了人们生活基本要素和文化需求的各个层面。景观艺术设计则是景观艺术学中依据艺术设计原则对各景观系统规划的艺术体现。

景观艺术学在人与环境之间建立均衡关系时，更强调景观生成要满足人的精神上、视觉上、生理健康上的基本需求，通过景观环境空间艺术的创作，用以提升、陶冶公众的视觉审美品质，因此说景观艺术设计也是一种改善人们使用与体验户外空间的艺术创造活动。

天津美术学院环境艺术设计系于1998年开设景观艺术设计专业方向，并一直致力于客观分析景观艺术设计的专业属性，从学科交叉的视角，结合人类心理学、行为学、美学、建筑学、色彩学、传统园林艺术及现代景观艺术等多学科的知识，依照景观艺术设计的特点展开系统教学与设计实践工作。2007年“景观艺术设计”课被评为天津市的精品课程，结合教学所完成的设计成果被大量采用并获得多项国家级大奖。作为环境艺术设计专业景观设计课程方向的主干必修课程，本套“高等院校环境艺术设计专业实训教材”中的《景观艺术设计与表现》一书，正是本系专业教学多年来的教学经验与设计实践的升华与总结。本教材力求从当代景观艺术之美入手，尤其着眼于艺术设计院校所拥有的艺术性、实用性、多元性、创新性等方面在景观艺术设计教学上的体现。

本教材的主要教学内容几乎涵盖了景观艺术设计创作的各个环节：系统而全面地阐述了景观艺术设计的相关概念；东西方景观艺术设计的发展历程及理念差异；当代景观设计的发展趋势；景观艺术设计的要素，系统地分类归纳讲解了景观设施、地形、水体、地面铺装、园林植物、无障碍设计等；景观艺术设计的方法；景观艺术设计的表现技法等，并详细讲述了城市景观设计和居住区景观设计的内容及设计原则和方法、景观艺术各个要素的特征及组织、形式美的艺术规律等内容。

本教材突出教学的实训性，其特色是在详尽地阐述了基础知识的基础上选编了大量的学生设计手绘习作，通过实例、范图直观地讲述景观艺术设计的方法与技巧。本教材既可作为高等院校建筑、规划、园林、景观设计、环境艺术等相关专业的教学教材以及学生的参考用书，还可作为社会相关领域的专业设计人员和业余爱好者的参考读物。

“高等院校环境艺术设计专业实训教材”是本系专业老师的教学研究与课程实践的阶段性总结，亦是天津美术学院环境艺术设计系近年来在专业教学改革、教材建设方面的阶段性工作成果。鉴于水平的局限在教材的深度和创新方面还有很多不成熟之处，衷心希望同行专家、教师和广大读者批评指正，以便我们能进一步促进专业教学的革新与进步。

天津美术学院设计艺术学院 副院长
环境艺术设计系 主任 教授
2012年9月

目录

绪论

景观设计的创建和发展一直与人类生活的进步息息相关，时至今日终于形成了一门综合性、实践性的学科。在城市环境不断现代化的今天，景观设计的研究与实践越来越受到人们的重视。我国快速的城市化进程，使城市环境建设面临严峻的挑战。景观设计对城市整体环境的改善、对居民幸福感的提升、对城市生态系统功能的提高都具有重要作用，因此，越来越引起人们的关注。

一、景观与景观设计

（一）景观

“景观是人们所向往的自然环境，景观是人类的栖居地，景观是人造的工艺品，景观是需要科学分析方能被理解的物质系统，景观是反映社会伦理、道德和价值观念的意识形态，景观是历史，景观是美的享受。”从本质上讲，景观是人类对其自身存在的一种视觉景物，景观因人的视界而存在。

在城市规划及设计过程中，对景观因素的考虑通常分为硬景观和软景观。硬景观是指人工建造的景观，通常包括建筑小品、铺装、雕塑座椅、果皮箱等等；软景观是指人工植被、河流等仿自然景观（如图1）。此外，在城市的发展历程中，其历史遗迹也慢慢成为了一种城市景观，成为了这个城市的标志（如图2）。

（二）景观设计

景观设计是在一定的地域范围内，运用园林艺术和工程技术手段，通过改造地形、种植植物、营造建筑和布置园路等途径创造美的自然环境和生活境域的过程。通过景观设计，使环境具有美学欣赏价值、日常使用的功能，并能保证生态可持续性发展。在一定程度上，体现了当时人类文明的发展程度和价值取向及设计者个人的审美观念（如图3）。

图1 人造景观与自然景观

图2 城市景观

二、景观的产生与发展

无论东方还是西方，在景观发展过程中，都源于其古典园林学并不断演化而发展起来的。在当今的城市建设中，景观设计发挥着重要的作用，并最终成为推动城市环境发展的主导力量。

（一）东方景观历史的演进

中国的园林景观最早见于史籍的是公元前11世纪西周的灵囿；秦汉时期又发展为宫室园林的“建筑宫苑”；魏晋南北朝出现了自然山水园，唐宋时发展出写意山水园，至明代已有专业的园林匠师。明代造园家主张“相地合宜、构图得体”，要“虽由人作，宛自天开”。可见，在过去人类曾创造了那么多的自然和谐的园林景观，那是人类与自然合作的精美杰作。然而，随着现代工业的兴起、人口的增长以及城市规模的扩大，使环境迅速恶化，人工与自然环境的相互平衡问题愈发引起人们的注意（如图4）。

（二）西方景观历史的演进

世界上最早的园林可以追溯到公元前16世纪的埃及，从其古代墓画中可以看到古埃及人模拟“绿洲”并运用几何学概念营造的世界上最早的规整式园林；古巴比伦和波斯的庭园则多以十字水池为中心，这一特点成为伊斯兰园林的传统；古希

图3 某动漫产业园建筑与景观设计方案

腊的造园艺术是经由波斯学到的西亚的艺术，它已发展成住宅内布局规整的柱廊园。由于雅典城邦的科学、文化、艺术的繁荣，还出现了供公共活动游览的园林；古罗马继承了希腊的传统手法，发展了山庄园林与别墅园林；而法国继承和发展了这种造园艺术，创造出规则式园林。从此，几乎欧洲所有国家都建造了规则式园林。

规则式园林受到批判是在公元8世纪中下叶，因为这种方式对自然环境的漠视态度淹没了自然应有的美丽与明媚。与此同时，欧洲文学领域兴起的浪漫主义运动崇尚自然的倾向，对恢复传统的草地、树丛的自然风景园起到了极大的推动作用（如图5）。

（三）近代西方景观建筑学

1850年，美国建筑师首创了“景观建筑师”一词，开创了景观建筑学，担负起维护和重构城市景观的使命。景观建筑学扩大了传统园林学的范围，从庭院设计扩大到城市公园、绿地、户外空间系统、自然保护区、大地景观和区域范围的景观规划。1901年，美国哈佛大学创立了世界上第一个景观建筑学系。1940年，国际景观建筑师协会成立。20世纪60年代以后，随着后现代运动的兴起，城市景观的发展逐步摆脱了机械论的影响，开始走上多元化发展的轨道。随着21世纪的来临，人们开始重新思索自然与文化的关系问题，“人居环境的可持续发展”是这一理性思索的结果，也是人类面临的重大发展主题。而景观建筑学，由于已发展成与城市规划、建筑学成三足鼎立的横跨人居系统各层面的综合学科，其作用比以往任何时候都更加重要。

图4 中国传统园林

图5 欧洲古典园林

图6 英国伦敦泰晤士河景观

在对城市景观发展的历史回顾和横向比较中可以发现，城市景观在文化驱动力和自然回归力的双重作用下不断向前发展（如图6）。

（四）近代我国城市景观概况

中国城市景观的发展在近代趋于停滞，使其极具生命力的自然主义文化理想并没能结出丰硕的现代果实，但其理念相信会对21世纪的景观建筑学的发展提供有价值的依据。在现代景观建筑学的推动下，西方世界创造了丰富的现代城市景观文化，这其中有许多值得我们借鉴和学习的地方（如图7）。

图7 天津海河夜晚景观

图8 意大利威尼斯

（五）中西方城市景观规划理念的差别

城市景观的历史与人类城市的历史一样久远。东西方的文化传统有时在观念上有很大差别，在西方文化中，人类城市的发展的文化驱动力和自然回归的作用方向是相反的，人与自然是对立的，认为自然处于人的控制之下。因此在西方景观形成过程中，总是要把技术所能提供的一切可能发挥到极致，总是力求建造最大、最高、最不可思议的宏伟景观，用来彰显人的力量（如图8）。

而中国的传统造园相对的是一种有机宇宙的景观图式，东方思想中则强调这两种作用力的“同一”关系，讲求“道法自然”、“天人合一”，讲求天、地、人之间相互感应、和谐共生。建设城市以地(自然)为阴，以人、城市为阳，讲求阴阳平衡；讲求“负阴抱阳，阴阳平衡互补，聚风行水，以达生气盎然”；追求“虽由人作，宛自天开”的效果，中国的城市也呈现出一派和乐融融的人性化景观（如图9）。

图9 苏州观前街

三、景观设计发展趋势

（一）尊重、保持地域特色的趋势

全球化是世界性不同经济、技术、信息和文化的融合，是人类发展的趋向。但是全球化在带来融合的基础上，也带来了矛盾与冲突。在这个过程中，出现了盲目崇洋效仿、照抄照搬的倾向，导致城市景观的雷同性日趋增高，昔日异彩纷呈、各具特色的城市景观风貌正逐步丧失，各地城市景观建设纷纷陷入“特色危机”之中。全球化发展程度越高，文化的同质化便越强，这种同质化实质上意味着全球范围内某些要素的趋同化甚至一体化，这也是一个全球不同文化传统之间交流与互动的过程。在城市景观领域，这种交流和互动将在客观上形成某种个性化、异质化和本土化的文化特征，使景观中的地缘、人缘、血缘、情缘等人文要素得以强化，这使我们必须培育起一种全球化与地域化并存的城市景观文化。尊重传统文化和乡土知识，吸取当地人的经验，景观设计应根植于所在的地方（如图10）。

图10 贝聿铭设计的苏州博物馆

图11 传统建筑与现代艺术的融合

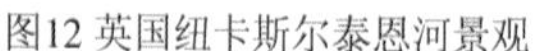

图12 英国纽卡斯尔泰恩河景观

（二）多元化发展的趋势

从20世纪20年代到60年代，现代景观经历了从产生、发展到壮大的过程，但是它没有表现为一种单一的模式。从法国到英国，从欧洲到美洲，各个国家的景观设计师们结合各国的传统和现实，形成了不同流派和风格。在世界多元化图景中，景观设计正逐渐呈现出独特的观念与形式。以法国、德国、荷兰、西班牙和英国等国家为代表的欧洲当代景观设计师一方面积极融入全球化，倡导欧洲文化共享，一方面强调个性和地方风格。他们从传统园林文化中吸取养料，从现代艺术形式中获得启发，在当代科学技术的引领下，将欧洲当代景观设计带入独树一帜的新境界（如图11）。

（三）多学科综合的趋势

城市景观设计涉及科学、艺术、社会及经济等诸多方面的问题，它们密不可分，相辅相成。只有联合多学科共同研究、分工协作，才能保证一个景观整体生态系统的和谐与稳定，创造出具有合理的使用功能、良好的生态效益和经济效益的高质量景观（如图12）。

（四）人性化设计的趋势

景观设计要充分考虑景观环境的属性，要体现为人所用的根本目的，即人性化设计，这是人类在改造世界过程中一直追求的目标。人性化设计就是以人为中心，注意提升人的价值，尊重人的自然需要和社会需要的动态设计哲学。

1. 物质层次的关怀

人性化设计的景观不仅给生活带来方便，更重要的是使使用者与景观之间的关系更加融洽。设计时要考虑不同文化层次和不同年龄人活动的特点，要求有明确的功能分区，要形成动静有序、开敞和封闭相结合的空间结构，以满足不同人群的需要。人性化设计更大程度地体现在细节上，如各种配套服务设施是否完善？尺度问题、材质的选择等（如图13）。

图13 意大利蒙特卡蒂尼镇的公共设施

2. 心理层次的关怀

人们对景观的心理感知是一种理性思维的过程。而心理感知是人性化景观感知过程中的重要环节。对景观的心理感知过程正是人与景观统一的过程。无论是夕阳、清泉、秋雨、蝉鸣、竹影、花香，都会引起人的思绪变迁。在景观设计中，一方面要让人触景生情，另一方面还要使“情”升为“意”，使“景”升为“境”，即“境界”，成为感情上的升华，以满足人们得到高层次的精神享受（如图14）。

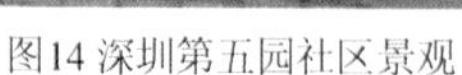

图14 深圳第五园社区景观

图15 天津万科水景城社区景观

（五）可持续发展的趋势

“以人为本”的理念不只局限在当前的景观设计，服务于当代的人类，而且应是长远的、尊重自然的、维护生态的、又不对后代人构成危害的发展，称为可持续发展。保护不可再生资源，作为自然遗产，不到万不得已，不予以使用。在大规模的景观设计过程中，尽可能减少包括能源、土地、水、生物资源的使用，提高使用效率。在景观设计中，应合理地利用自然资源，如光、风、水等，从而节约能源；利用废弃的原有物质，包括植被、土壤、砖石等服务于新的景观功能，可以大大提高资源的利用率（如图15）。

（六）生态设计的趋势

“生态”在当下的景观设计中已经成为了关键词。近几十年来，人口爆炸，生产力飞速发展，人类整体生活水平和物质能量消耗水平成倍增长，环境问题越来越明显。人类认识到其活动对自然环境的破坏已经到了威胁自身发展和后代生存的地步。人们从工业时代的富足梦想中被唤醒，所有这些都把设计师们从对美与形式及优越文化的陶醉中引向对自然的关注，引向对其他文化中关于人与自然关系的关注。在此背景下，产生了“设计尊重自然”，也产生了更为广泛意义上的生态设计，包括建筑的生态设计、景观与城市的生态设计、工业及工艺的生态设计等等。

需要强调的是，景观生态设计应该作为传统设计途径的进化和延续，而非突变和割裂。缺乏文化涵义和美感的唯景观生态设计是不能被社会所接受的，因而最终会被遗忘和淹没，设计的价值也就无从体现（如图16）。

图16 英国爱丁堡现代艺术馆广场生态景观

第一章 景观设计基础

景观设计基础是进入景观设计领域的必经之路，是连接专业基础课和专业课的桥梁。本章节主要讲述景观设计组成要素、景观设计方法、景观形态构成的方法及景观环境的无障碍设计等内容。通过此部分的学习，使学生对景观设计能有一个初步而又全面的掌握，为今后城市景观设计、社区景观设计的学习打下坚实基础。

图1-1 地形

一、景观设计要素

（一）地形

这是指园林绿地中表面各种起伏形状的地貌。在规则式园林中，一般表现为不同标高的地坪、层次；在自然式园林中，往往因为地形的起伏，形成平原、丘陵、山峰、盆地等地貌。在地形设计的同时要考虑地面水的排除，一般规定无铺装地面的最小排水坡度为1%，而铺装地面则为0.5%。但这只是参考限值，具体设计还要根据土壤性质和汇水区的大小、植被情况等因素而定（如图1-1）。

1. 地形设计的原则

（1）功能优先，造景并重：景观地形的塑造要符合各功能设施的需要，地形变化要适合造景需要（如图1-2）。

图1-2 功能优先，造景并重

（2）利用为主，改造为辅：尽量利用原有的自然地形、地貌，尽量不动原有地形与现状植被，需要的话可进行局部的、小范围的地形改造（如图1-3）。

（3）因地制宜，顺应自然：地形塑造应因地制宜，就低挖池就高堆山。景观建筑和道路等要顺应地形布置，少动土方（如图1-4）。

图1-3 利用为主，改造为辅

图1-4 因地制宜，顺应自然

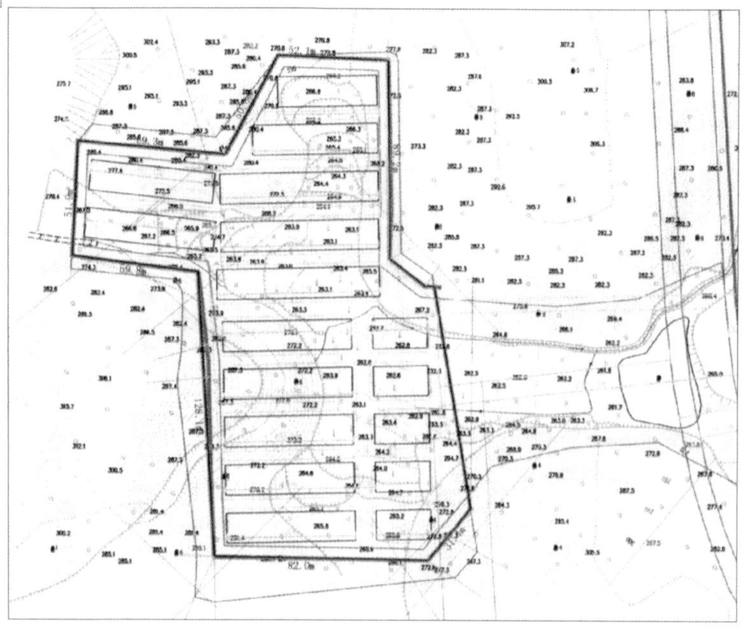

图1-5 填挖结合，土方平衡

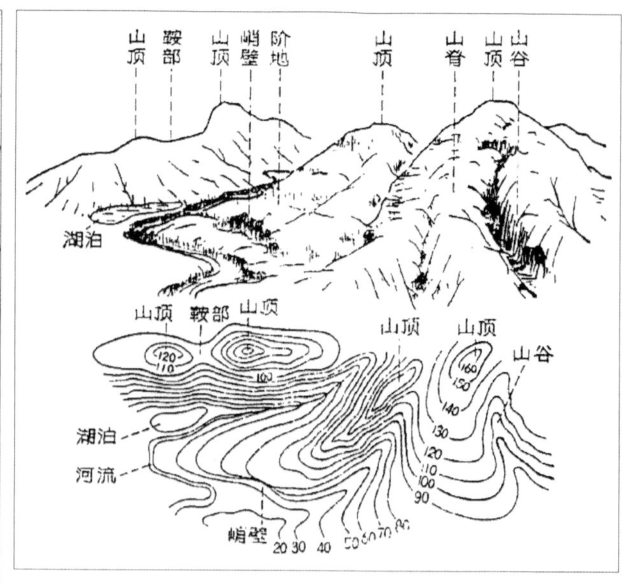

图1-6 等高线法

（4） 填挖结合，土方平衡：在地形改造中，使挖方工程量和填方工程量基本相等，即达到土方平衡（如图1-5）。

2. 地形设计的表现方法

地形设计的方法有多种，如等高线法（含点标高）、断面法、模型法等。以下着重介绍等高线法。此法在景观设计中使用最多。等高线是一组垂直间距相等、平行于水平面的假想面，与自然地貌相交切所得到的交线在平面上的投影。给这组投影线标注上相应的数值，便可用它在图纸上表示地形的高低陡缓、峰峦位置、坡谷走向及溪池的深度等内容（如图1-6）。

（二）植物

植物造景是运用乔木、灌木、藤本及草本植物等题材，通过艺术手法充分发挥植物的形体、线条、色彩等自然美来创作植物景观，需具备科学性与艺术性两方面的知识。既要满足植物与环境在生态适应上的统一，又要通过艺术构图原理体现出植物个体及群体的形式美（如图1-7）。

1. 景观植物分类

景观植物就其本身而言是指有形态、色彩、生长规律的生命活体，而对景观设计者来说，这又是一个象征符号，可根据符号元素的长短、粗细、色彩、质地等进行应用上的分类。综合植物的生长类型的分类法则与应用法则，把园林植物作为景观材料分成乔木、灌木、草本花卉、藤本植物、草坪以及地被六种类型（如图1-8 ~ 图1-13）。

图1-7 植物的艺术构图

图1-8 乔木

图1-9 灌木

图1-11 藤本植物

图1-10 草本花卉

图1-12 草坪

图1-13 地被

图1-14 构成景物

2. 景观植物在造景中的作用

植物是景观营造的主要要素之一，丰富多彩的植物造景素材，为营造景观提供了广阔的空间。与其他造景要素相比较，其在生长过程中呈现出的季相特色及独具的生命力现象，使其在景观造景中起到诸多作用。

（1）构成景物、丰富景观色彩：景观以植物造景为主，植物无论是单独布置，还是与其他景物配合都能很好地形成景色（如图1-14）。

（2）组合空间，控制风景视线：植物可以起到组织空间的作用。植物有疏密、高矮之别，利用植物所形成的空间同样具有“界定感”（如图1-15）。

图1-15 组合空间

图1-16 表现四季景色

图1-17 妆点景观建筑

（3）落叶变化，表现季相的更替：植物的枯荣变化强调了季节的更替，使人感到自然界的变化。特别是落叶植物的发芽、展叶、开花、结果及秋叶的变化，使人明显地感到春夏、秋冬的季节变化（如图1-16）。

（4）改善地形，妆点景观建筑：高低大小不同的植物配置造成林冠线起伏变化，改观了地形，如平坦地形种植高矮有变的树木，远观形成起伏有变的地形。若高处植大树、低处植小树，便可增加地势的变化（如图1-17）。

（5）覆盖地表，填充空隙：景观中的地表多数是用植物覆盖，绿化植物是既经济又实用的户外地面铺材（如图1-18）。

3. 景观植物配置原则

在景观中配置园林植物，不仅要取得“绿”的效果，还要进一步给人以美的享受。所以，必须全面考虑植物在外形、赏色、闻味、听声等方面的特性，进行仔细选择、合理配置，才能创造出完美的景观意境。

（1）符合绿地的性质和功能要求：景观绿地的性质和功能决定了植物的选择和种植形式。景观绿地功能很多，但具体到某一绿地，总有其具体的主要功能。

（2）满足景观风景构图的需要有如下几点。

①总体艺术布局要协调：规则式园林布局多采用规则式配置形式，种植为对植、列植、中心植、花坛、整形式花台，进行植物整形修剪。而在自然式景观绿地中则采用不对称的自然式种植，充分表现植物自然姿态配植形式，如孤植、丛植、群植、林地、花丛、花境、花带等。

②考虑综合观赏效果：植物配置时，应根据其观赏特性进行合理搭配，表现植物在观形、赏色、闻味、听声上的综合效果。

③四季景色有变化：使植物的色彩、芳香、姿态、风韵随着季节的变化交替出现，以免景色单调。

④植物比例要适合：在树木配置上应使速生树与长寿树；乔木与灌木；观叶与观花及树木、花卉、草坪、地被植物搭配比例合适。

⑤设计从大处着眼：首先考虑平面轮廓、立面上高低起伏、透景线的安排、景观层次、色块大小、主色调的色彩、种植的疏密等；其次根据高低、大小、色彩的要求，确定具体乔、灌、草的植物种类，考虑近观时单株植物的树型、花、果、叶、质地的欣赏要求。

（3）满足植物生态要求：要满足植物的生态要求，使植物能正常生长，一方面是因地制宜，使植物的生态习性和栽植地点的生态条件基本统一；另一方面就是为植物正常生长创造适合的生态条件，只有这样才能使植物成活和正常生长。

图1-18 覆盖地表

（4）民族风格和地方特色：我国园林和各地方园林有许多传统的植物配置形式和种植喜好，形成了一定的配置程式，在景观造景上应灵活应用。

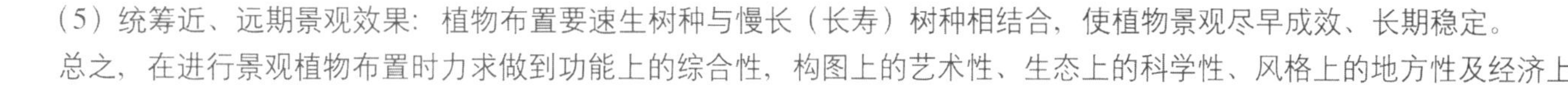

（5）统筹近、远期景观效果：植物布置要速生树种与慢长（长寿）树种相结合，使植物景观尽早成效、长期稳定。

总之，在进行景观植物布置时力求做到功能上的综合性，构图上的艺术性、生态上的科学性、风格上的地方性及经济上的合理性。

（三）水体

水体是景观设计中重要的造景要素，在所有景观设计元素中最具吸引力，极具可塑性，可静止，可活动，可发出声音，可以映射周围景物。它既可单独作为造景的主体，也可以与建筑物、雕塑、植物或其他景观要素结合（如图1-19）。

景观设计大体将水体分为静态水和动态水，静显安详，动有灵性。自然式景观运用以静态的水景为主，从而表现水面平静如镜、烟波浩瀚的寂静深远；动态的水一般是指人工景观中的喷泉、瀑布、活水等。

1. 静态水体景观

由于“静”是相对的，因此静态水体景观形式包括生态水池、游泳池、涉水池、倒影池等（如图1-20）。

（1） 生态水池： 生态水池是既适于水下动植物生长、又可美化环境与调节小气候供人观赏的水景，多饲养观赏鱼虫和喜水性植物，形成动物和植物互生互养的生态环境（如图1-21）。

（2） 游泳池：泳池根据功能需要尽可能分为儿童泳池和成人泳池，儿童泳池深度为0.6～0.9 m为宜，成人泳池为1.2～2 m（如图1-22）。

图1-19 水景

图1-20 静态水景

图1-21 生态水池

图1-22 游泳池

图1-23涉水池

（3）涉水池：涉水池可分水面下涉水和水面上涉水两种。水面下涉水主要用于儿童嬉水，其深度不得超过0.3 m，池底必须进行防滑处理。水面上涉水主要用于跨越水面，应设置安全可靠的踏步平台和踏步石（如图1-23）。

（4）倒影池：光和水的互相作用是水景景观的精华所在，倒影池极具装饰性，无论水池大小都能产生特殊的借景效果（如图1-24）。

图1-24 倒影池

图1-25 溪流

2. 动态水体景观

（1）流水有如下两种。

①溪流：溪流属线形水体，水面狭窄而曲长。溪流水岸宜采用散石和块石，并与水生或湿地植物的配置相结合，减少人工造景痕迹（如图1-25）。

②瀑布：有自然瀑布和人工瀑布两类。

A. 自然瀑布：瀑布是优美的动态水景，水自高处泻下，击石喷溅。瀑布跌落有很多形式，分为向落、片落、传落、离落、棱落、丝落、左右落、横落等。一般主要欣赏瀑布的瀑形、落差、水声等（如图1-26）。

B. 人工瀑布：按其跌落形式分为滑落式、阶梯式、幕布式、丝带式等多种，并模仿自然景观，采用天然石材或仿石材设置瀑布的背景和引导水的流向。人工瀑布因其水量不同，会产生不同的视觉与听觉效果（如图1-27）。

图1-26 自然瀑布

（2）喷水：它是人工构筑的整体或天然泉池，以喷射优美的水形取胜，常以水池、彩色灯光、雕塑、花坛等组合成景，多置于建筑物前、绿地中央等处（如图1-28）。

①水池喷水：这是最常见的喷水形式，在水池中安装喷头、灯光等设备，停喷时成为一个静水池（如图1-29）。

②旱池喷水：喷头等隐于地下，适用于让人参与的地方，如广场、游乐场。停喷时是场中一块微凹地坪，缺点是水质易污染（如图1-30）。

③浅池喷水：喷头置于山石、盆栽之间，可以把喷水的全范围做成一个浅水盆，也可以仅在射流落点之处设几个水钵（如图1-31）。

④自然喷水：将喷头置于自然水体之中，与自然环境融于一体，不露痕迹（如图1-32）。

⑤水幕影像：由喷水组成10余米高、20余米长的扇形水幕，与夜晚天际连成一片。电影放映时，人物在其上驰聘万里，来去无影（如图1-33）。

图1-27 人工瀑布

图1-29 水池喷水

图1-28 喷水

图1-30 旱池喷水

图1-31 浅池喷水

图1-32 自然喷水

图1-33 水幕影像

（3）跌水：呈阶梯式的多级跌落瀑布，通过一系列台阶将水流落差降低。与瀑布相比，跌水降低了水的损耗，增加了景观的变化（如图1-34）。

3. 水体设计原则

（1）宜“小”不宜“大”原则：大水体会让人更能感觉到水的存在，更能吸引人们的视线，可是建成后的大水体往往会出现很多的问题：大水体往往让人敬而远之，而不是亲近的感觉；大水体的养护困难，一般是靠人工挖出来的，大都是“死水”，一旦发生水体污染问题，那将是致命的。而小水体容易营建；易于满足人们亲水的需求，更能调动人们参与的积极性；小水体便于更好的养护，并且在水体发生污染的情况下，更易于治理。

（2）宜“曲”不宜“直”原则：水体最好设计成曲流的。在设计中要遵循大自然中的规律，河流、小溪大都是蜿蜒曲折的，因为这样的水景更易于形成变幻的效果。

图1-34 跌水

（3）宜“下”不宜“上”原则：设计的水景尽可能与自然中的万有引力相符合，不要设计太多的大喷泉，因为需要靠能量来支持它们抵消重力影响，是要耗费大量的人力、物力、财力的。

（4）宜“虚”不宜“实”原则：虚的水景是相对于实际水体而言的，它是一种意向性的水景，是用具有地域特征的造园要素，如石块、沙砾、野草等仿照大自然中自然水体的形状而成的。这样的水景更易于带给人更多的思考、更多的体验，这也许是真实水景所无法比拟的。

（四）景观设施

环境设施是指城市公共环境或街道社区中为人们活动提供具有一定质量保障的各种公用服务设施以及相应的识别系统，它是城市空间中统筹规划的具有多项功能的综合共享设施。

从环境设施的功能出发，将其分为实用型、装饰型和综合功能型三大类，并在此基础上划分。

（1）实用型环境设施：包括道路环境、活动场所和设施小品三类。这类环境设施是以应用功能为主而设计的，突出体现了环境设施使用功能强、经久耐用等特点。

（2）装饰型环境设施：以街道小品为主，又分为雕塑小品和景观小品两类。这类景观是以装饰需要为主而设置的，都具有美化环境、赏心悦目的特点，体现了硬质景观的美化功能。

（3）综合功能硬质景观：一些环境设施同时具有实用性和装饰性的特点。这类具有综合功能的硬质景观设计体现了形式与功能的协调统一，在现代景观设计中被广泛应用。如灯具、洗手池、坐凳、亭子等，既具有使用功能，也具有美化装饰作用；装饰小品中的假山、花架、喷泉等，既是观赏的对象，也是人们休憩游玩之处。

1. 桥

景观中的桥可以联系风景点的水陆交通、组织游览线路、变换观赏视线、点缀水景、增加水面层次，兼有交通和艺术欣赏的双重作用。景观桥在造园艺术上的价值，往往超过交通功能。

桥的位置和体量要和景观相协调。大水面架桥，又位于主要建筑附近的，宜宏伟壮丽，重视桥的形体和细部的表现；小水面架桥，则宜轻盈质朴，简化其形体和细部。水面宽广或水势湍急者，桥宜较高并加栏杆；水面狭窄或水流平缓者，桥宜低并可不设栏杆。水陆高差相近处可平桥贴水，过桥有凌波信步的亲切之感；而在沟壑断崖上危桥高架，方能显示山势的险峻。水体清澈明净，桥的轮廓需考虑倒影；地形平坦，桥的轮廓宜有起伏，以增加景观的变化（如图1-35-1～图1-35-6）。

图1-35-1～图1-35-6 桥

2.建筑小品

建筑小品是指既有功能要求，又具有点缀、装饰和美化作用的，从属于某一建筑空间环境的小体量建筑、游憩观赏设施和指示性标志物等的统称。

（1）建筑小品分类：建筑小品可分为如下几类。

①供休息的小品：包括各种造型的亭、廊、花架等。

A. 亭：满足人们在旅游活动中休憩、停歇、纳凉、避雨、极目眺望之需。亭的造型宜结合具体地形，其娇美轻巧、玲珑剔透的形象与周围的建筑、绿化、水景等结合而构成园林一景。亭的位置可设在道路的末端或旁边，在视线开阔处及花园中心等显要处，或在水边、林内及其他的建筑物旁（如图1-36-1 ~ 图1-36-4）。

图1-36-1～图1-36-4 亭

图1-37-1 、图1-37-2 廊架

图1-37-3、图1-37-4 廊架

B. 廊架：具有遮阳、防雨、小憩等功能。廊是建筑的组成部分，也是构成建筑外观特点和划分空间格局的重要手段。如围合庭院的回廊，对庭院空间的处理、体量的美化十分关键；园林中的廊则可以划分景区，形成空间的变化，增加景深和引导游人（如图1-37-1 ~ 图1-37-4）。

C. 花架：这种庭园设施顶部多由格子条构成，常配置攀援性植物。常被用做分隔景物、联络局部、遮阳、休憩之用；可作为庭园配景，或代替树林当作背景之用；其上攀援鲜艳花卉，也可作为主景观赏（如图1-38-1 ~ 图1-38-4）。

图1-38-1 ~ 图1-38-4 花架

图1-39-1 ~ 图1-39-7 装饰性小品

②装饰性小品：包括各种固定的和可移动的花钵和饰瓶、可以经常更换的花卉、植物、装饰性的日晷、香炉、水缸及各种景墙（如九龙壁）、景窗等，在园林景观中可以起到点缀作用（如图1-39-1 ~ 图1-39-7）。

③结合照明的小品：园灯的基座、灯柱、灯头、灯具都有很强的装饰作用（如图1-40-1 ~ 图1-40-4）。

④服务性小品：如为游人服务的饮水泉、洗手池、时钟塔等；为保护园林设施的栏杆、格子垣、花坛绿地的边缘装饰等；为保持环境卫生的废物箱等（如图1-41-1 ~ 图1-41-4）。

图1-40-1 ~ 图1-40-4 结合照明的小品

图1-41-1～图1-41-4 服务性小品

（2）建筑小品设计原则

建筑小品具有精美、灵巧和多样化的特点，在设计创作时可以做到“景到随机，不拘一格”，在有限空间得其天趣。

①立其意趣：根据自然景观和人文风情，做出景点中小品的设计构思。

②合其体宜：选择合理的位置和布局，做到巧而得体，精而合宜。

③取其特色：充分反映建筑小品的特色，把它巧妙地熔铸在园林造型之中。

④顺其自然：不破坏原有风貌，做到涉物成趣，得景随形。

⑤求其因借：通过对自然景物形象的取舍，使造型简练的小品获得景象丰满充实的效应。

⑥饰其空间：充分利用建筑小品的灵活性、多样性以丰富园林空间。

⑦巧其点缀：把需要突出表现的景物强化起来，把影响景物的角落巧妙地转化成为游赏的对象。

⑧寻其对比：把两种明显差异的素材巧妙地结合起来，相互烘托，显出双方的特点。

3. 景观雕塑

现代的环境雕塑以其千姿百态的造型和审美观念的多样性，加之利用现代高科技、新材料的技术加工手段与现代环境意识的紧密结合，给现代生活空间增添了生命的活力和魅力。人们置身其中，可以感受到浓郁的人文内涵与艺术氛围。

环境雕塑成为城市空间中的文化与艺术的重要载体，装饰城市空间，形成视觉焦点，与四周的环境空间、建筑空间形成视觉场，在空间中变化轮廓、切割空间，在空间中起凝缩、维系作用。雕塑放置的四周，有相应的景观建筑因素、历史文化风俗因素、人群车流因素，也有无形的声、光、温度等因素，这一切构成了环境因素。因此，决定雕塑场地、位置、尺度、色彩、形态、质感时都必须从整体出发，研究各方面的背景关系，通过均衡、统一、变化、韵律等手段，寻求恰当的方案，表达特定的空间气氛和意境，形成鲜明的第一视觉印象（如图1-42-1～图1-42-4）。

图1-42-1～图1-42-4 景观雕塑

图1-43 竹木围墙

4. 围墙

园林围墙有两种类型，一是作为环境空间周边、生活区等的分隔围墙；二是园内划分空间、组织景色、安排导游而布置的围墙。

（1）设置原则：围墙的设置原则大致可分为如下四点。

①能不设墙的地方尽量不设，让人接近自然，爱护绿化。

②尽可能利用自然的材料达到隔离的目的，如高差的地面、水体的两侧、绿篱树丛，都可以达到隔而不分的目的。

③要设置围墙的地方，能低尽量低，能透尽量透，只有少量须掩饰隐私处，再用封闭的围墙。

图1-45 混凝土围墙

图1-44 砖墙

④让围墙处于绿地之中，成为园景的一部分，减少与人的接触机会，由围墙向景墙转化。善于把空间的分隔与景色的渗透联系统一起来，有而似无，有而生情，才是高超的设计。

图1-46 金属围墙

（2）分类：围墙的构造有竹木、砖、混凝土、金属材料几种。

①竹木围墙：竹篱笆是过去最常见的围墙，如若种一排竹子而加以编织，成为活的围墙（篱），则是最符合生态学要求的墙垣了（图1-43）。

②砖墙：墙柱间距3～4m，中间开各式漏花窗，是既节约又易施工、管养的办法。缺点是较为闭塞（如图1-44）。

③混凝土围墙：一是以预制花格砖砌墙，花形富有变化但易攀爬；二是混凝土预制成片状，可透绿也易管养。混凝土墙的优点是一劳永逸，缺点是不够通透（如图1-45）。

④金属围墙：可分为以型钢、铸铁为材料及各种金属网材等组成的围墙（见图1-46）。

图1-47-1 ~ 图1-47-4公共座椅

5.公共座椅

在公共座椅的设计上，应考虑以方便使用者长久停留的舒适型座椅为主，同时兼顾老人、小孩的需求，设计适宜不同人群休息使用的类型。同时座椅的布置要注重人的心理感受，通常应面向视线好、有人活动的区域，同时兼顾光线、风向等因素，也可与其他设施如花坛、水池等结合进行整体设计（如图1-47-1 ~ 图1-47-4）。

6. 标志牌

指示系统要统一于视觉识别，每一个规划区域都有自己的识别标志。尽管指示系统有区别性，但在表现形式上应具有广泛的统一性，载体之间应用材料与造型的统一性、载体颜色与地域文化的一致性、地域环境尺度上的呼应性。设计中还应考虑景观设计的风格理念，分析自然环境与人文建筑对指示系统的影响，在统一的风格中寻求变化，产生独具魅力的文化个性（如图1-48-1 ~ 图1-48-4）。

图1-48-1、图1-48-2标志牌

图1-48-3、图1-48-4 标志牌

7. 照明设施

（1）分类标准：当实施户外环境照明设计时，在选择照明的方式时，应严格按照四种灯具的分类标准，即完全截光、截光、半截光和非截光。了解它们的优点和缺点，恰当地运用好。

①完全截光：上无光通量，80°～90°任何位置的光强在数值上不超过灯具内光源光通量的10%。

②截光：90°以上任何位置的光强在数值上不超过灯具内光源光通量的2.5%。80°～90°任何位置的光强在数值上不超过灯具内光源光通量的10%。路面获得较高且均匀的亮度，但道路周围地区较暗，用于高速公路及市郊道路。

③半截光：90°以上任何位置的光强在数值上不超过灯具内光源光通量的5%。80°～90°任何位置的光强在数值上不超过灯具内光源光通量的20%。有眩光但不严重，用于城市道路站照明。

④非截光：无限制。眩光严重，看上去有一种明亮感，用于车速较低的街道、公园、景区道路上使用。

图1-49 低位置路灯

图1-50 步行道路灯

图1-51 停车场及干路灯

图1-53 高杆灯

图1-52 专用灯

图1-54-1 电话亭

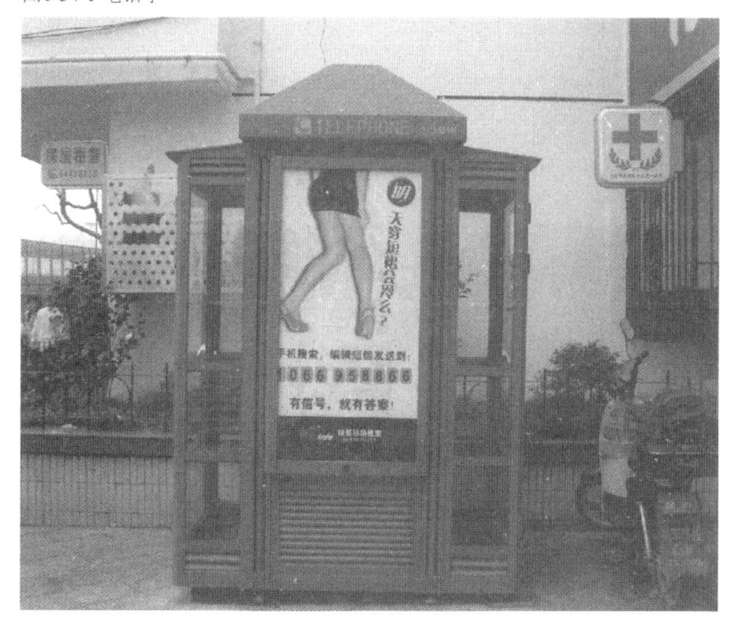

（2）灯具的高度可分为以下五种类型。

①低位置路灯：高度在0.3～1m的路灯，多用于庭园、散步小径环境空间中，其形态表现温馨的气氛（如图1-49）。

②步行道路灯：高度在1～4m的路灯，通常设置于道路的一侧，灯具造型应注重细部处理，满足中近视距的观感（如图1-50）。

③停车场及干路灯：高度在4～12m的路灯，采用较强的光源，较远的距离排列，通常为10～50m。应着重考虑控制光线的投射角度，防止强光对周围环境的干扰。灯具悬挑距离一般不超过灯具高度的1/4（如图1-51）。

④专用灯：高度在6～10m之间，设置于工厂、仓库、加油站等一定规模的环境空间，应考虑该空间夜晚活动及相关设施的照明（如图1-52）。

⑤高杆灯：高度在20～40m的路灯，照射范围广，通常位于广场、体育场馆、停车场等地，在环境空间中具有地标作用（如图1-53）。

图1-54-2～图1-54-4 电话亭

8.电话亭

电话亭是一个矗立于街头，内有一部公用电话的“小屋子”，通常设有透明或有小窗的闸门，以保障使用者的隐私之余，又可让人知道电话是否正在使用中。早期的室外电话亭采用木材或金属制造，设有玻璃窗。一些较新的设计则采用塑胶或玻璃纤维，简单耐用之余亦可降低成本。通常设置在不妨碍交通的人行道上，设置后的人行道宽度不小于1.5 m。为方便雨天使用，最好设置在高出地面的台基上（如图1-54-1 ~ 图1-54-4）。

9. 垃圾箱

垃圾箱在满足功能需求的同时，应着力体现人文特色，通过细微的差异性设计来提升环境的独特品位，要考虑与环境整体风格相一致，从中找出那些诸如形态、色彩、文化等隐含着的因素，运用到设施的设计中去。

在设计中，还要考虑维护使用的方便易行，提高人的可操作性，在功能上达到方便人们丢弃废物，提高资源回收率的作用，如烟蒂与可燃废弃物的分别收纳，可回收物与不可回收物的分别收纳等。在布局上，将可回收与不可回收垃圾箱设置在一块儿，避免间隔一定距离间断投放的现象，并应尽可能设置在公共座椅的附近，提高人的可接近性与分类投放废弃物品的自觉性，以达到真正保护环境的功能（如图1-55-1 ~ 图1-55-4）。

图1-55-1、图1-55-2 垃圾箱

图1-55-3、图1-55-4 垃圾箱

10. 护栏

护栏指的是沿危险路段的路基边缘设置的防护设施及中央分隔带，防止车辆驶离路基闯入对向车行道，同时还有为使行人与车辆隔离而设置的保障行人安全的设施。它兼有诱导驾驶人员的视线，引起其警惕性或限制行人任意横穿等目的。护栏由支柱和横栏组成，可采用木材，钢筋混凝土或金属等材料（如图1-56-1～图1-56-4）。

图1-56-1～图1-56-4 护栏

图1-57-1 ~ 图1-57-4 自行车存车棚

11. 自行车存车棚

自行车存放架在设计上要形成一定的秩序性，充分利用向心式、岛式（对放式）、靠墙式等存放形式，合理利用空间，规范车辆的停放。应考虑对占地面积的有效利用，除平面存放外，还可采用阶梯式存放（如图1-57-1 ~ 图1-57-4）。

（1）平行存放：与道路呈90° 角，车辆并排存放，每辆车占用面积约1.1 m^2，一般约0.6 m间距存放一辆车。

（2）斜角式存放：与道路呈30° ~ 45° 角，每辆车占用面积约0.8 m^2。

（3）单层段差式存放：设置前高后低的车架，前轮离地约0.5 m高，每辆车占用面积约0.78m^2。

（4）双侧平置存放：两侧前轮对叉式存放，每辆车占用面积约0.99 m^2。

（5）双侧段差式存放：形成上高下低形式，每辆车占用面积约0.69 m^2。

12. 候车亭

为方便乘客候车，在车站设置的防护（遮阳、防雨）设施（如图1-58-1 ~ 图1-58-4）。

（1）设计要求：低成本、易于维修和养护、能够抵御人为的蓄意破坏，同时候车亭应该是舒适的、便利的、安全的、易于辨别的，并能够提供清晰的交通信息。

图1-58-1 候车亭

（2）设置要求如下。

①上下行站点宜在道路平面上错开，错开间距不小于50 m。

②在交叉路口附近设置车站，宜在交叉路口50 m外。

③候车亭长不小于5 m，并不大于标准车长的2倍；全宽宜不小于1.2m，坐落在高出路面0.2 m的台基上。

（3）设计原则如下。

①候车亭的设计应反映城市的环境特点和个性。

②候车亭应易于识别，如同一车种、线路的候车亭可在形态、色彩、材料、设置位置等加以统一；站牌规格要统一，且设置醒目。

③注重与周围环境的协调统一。

④候车亭内应有较好的明视度，人们可以清晰观察车辆靠站的状况。

⑤方便人们上下车。

⑥候车亭能够成为提供小坐、遮风避雨的场所。

图1-58-2～图1-58-4 候车亭

（五）地面铺装与园路

景观铺装指在景观环境中运用自然或人工的铺地材料，按照一定的方式铺设于地面形成的地表形式。铺装作为景观构筑的一个要素，其表现形式受到总体设计的影响。根据环境的不同，铺装表现出的风格各异，形成变化丰富、形式多样的视觉效果。

1. 铺装设计

园林景观中的铺装不仅仅是供游人行进、活动、聚集的场所，其本身就是景观艺术的重要组成部分，其艺术效果的表现是设计时应考虑的重点内容。

图1-59 地面铺装的色彩

图1-60 地面铺装的质感

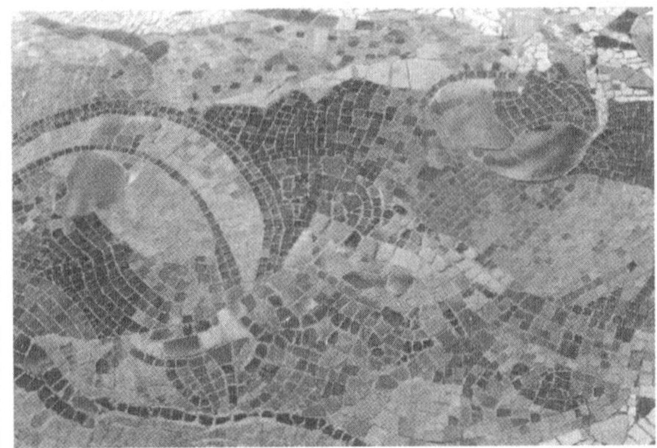

图1-61 地面铺装的纹样

（1）色彩：色彩具有鲜明的个性，暖色调热烈、兴奋，冷色调优雅、明快；明朗的色调使人轻松愉快，灰暗的色调则更为沉稳宁静；明度高、纯度高让人感觉华丽，纯度低、明度低让人感觉质朴；纯度高、明度低让人感觉坚硬，纯度低、明度高让人感觉柔软等。铺地的色彩应与园林空间气氛协调，如儿童游戏场可用色彩鲜艳的铺装，而休息场地则宜使用色彩素雅的铺装，灰暗的色调适合于肃穆的场所，但会轻易造成沉闷的气氛（如图1-59）。

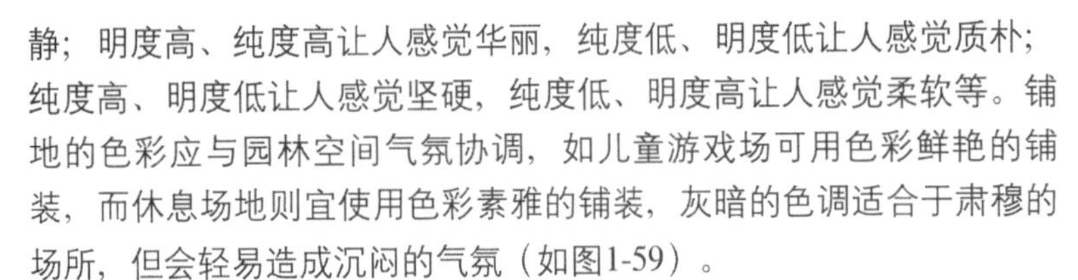

（2）质感：质感是由于接触到素材的表面而产生的心理感触。质感的表现应尽量发挥材料自身的美，天然的石板表现出原始的粗犷质感，而光面的地砖透射出的是华丽的精致质感（如图1-60）。

（3）纹样：景观中的路面以多种多样的形态和纹样来衬托、丰富景观效果，纹样则起到装饰路面的作用。铺地形式常因场所的不同而各有变化，而纹样、材料与景区的意境相结合，可达到提升环境意境的作用（如图1-61）。

图1-62 地面铺装的点

（4）构形：构形设计以体现形式美为原则，在景观铺装设计中，一般通过有规律排列的点、线和图形可产生强烈的节奏感和韵律感。

①点：点可以吸引人的视线，成为视觉焦点。在单纯的铺地上，分散布置跳跃的点形图案，能够丰富视觉效果，给空间带来活力（如图1-62）。

②线：线的运用比点效果更强，直线带来安定感，曲线具有流动感，折线和波浪线则具有起伏的动感（如图1-63）。

③形：形本身就是图案，不同的形产生不同的心理感应。方形整洁、规矩，具安定感；方格状的铺装产生静止感，暗示着一个静态停留空间的存在；三角形零碎、尖锐，具活泼感；圆形则展现了完美和柔润（如图1-64）。

图1-63 地面铺装的线

图1-64 地面铺装的形

2. 园路设计

园路是指绿地中的道路、广场等各种铺装地坪，是园林中不可缺少的构成要素，是园林的骨架和网络。园路的规划布置通常反映不同的园林面貌与风格。

（1）园路的功能：园路相比城市道路有不同之处，园路引导游人进入景区，沿路组织游人休憩、观景，而园路的本身也成为观赏对象。在园路的组织和铺装设计中应满足观赏、娱乐、休闲的功能，布局要结合园林景观和活动场地的综合需要，并且兼顾游览交通和园景展示两方面的功能。

（2）园路的类型和尺度：一般绿地园路分以下几种。

①主要道路：关联全园，首要考虑通行、生产、救护、消防、游览车辆通行，路面宽度应达到8m。

②次要道路：沟通各景点、建筑，满足轻型车辆及人力车通行，宽度为3～4m。

③休闲路径、健康步道：双人行走1.2～1.5m，单人0.6～lm。健康步道是近年来最为流行的足底按摩健身方式，通过行走在卵石路上按摩足底穴位达到健身目的，也是园林中一景。

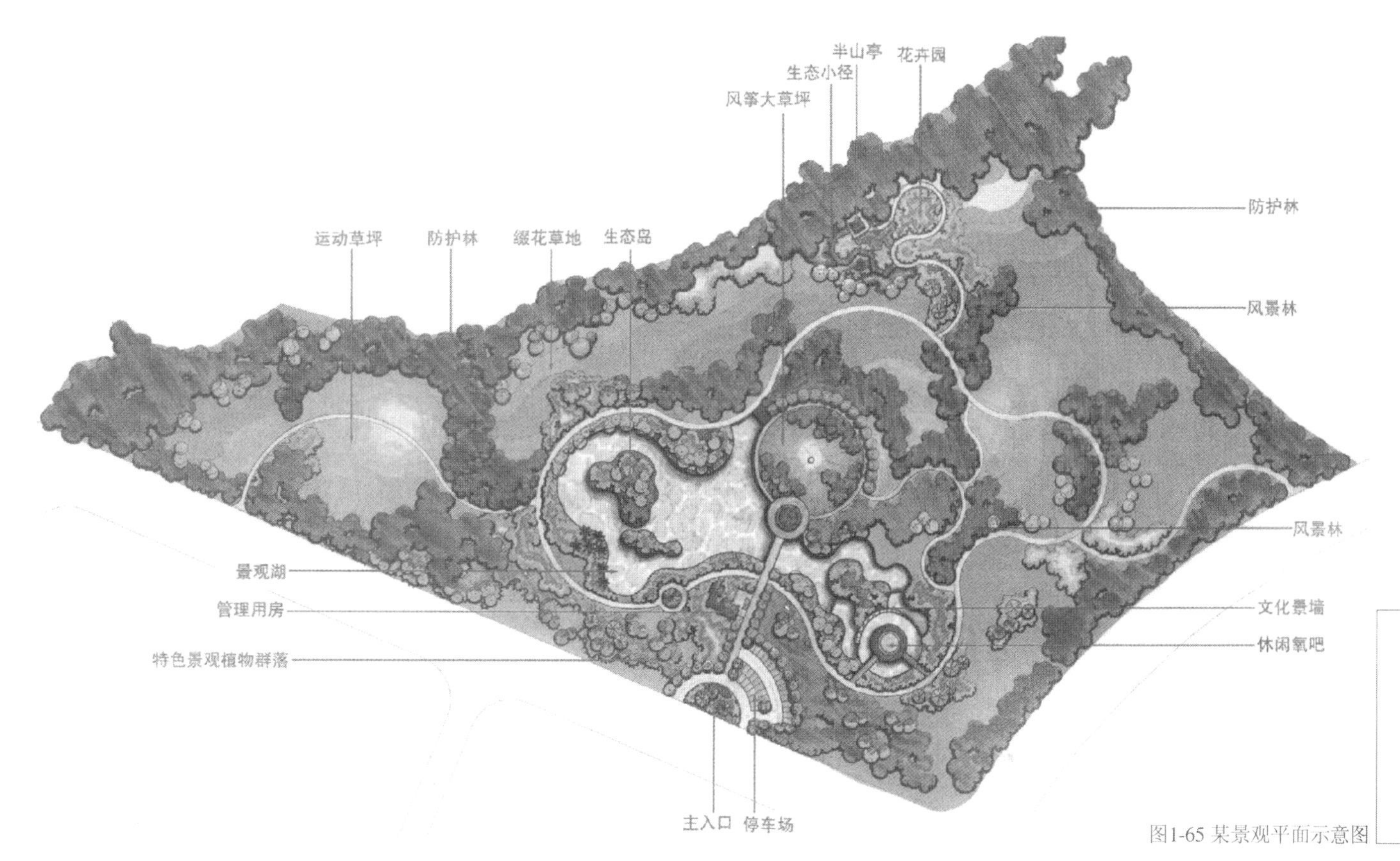

图1-65 某景观平面示意图

（3）园路的线形设计：园路的线形设计应与地形、水体、植物、建筑物、铺装场地等设施结合，形成完整的风景构图，并连续展示园林景观的空间或欣赏前方景物的透视线。园路的线形设计应主次分明，形成疏密、曲折有序的格局，达到组织风景、延长旅游路线和扩大空间的目的。园路的布局要依据需要有疏有密，切忌相互平均，适当的曲线能使人们从紧张的气氛中得到解脱，从而获得惬意与美感（如图1-65）。

二、景观设计方法

（一）构思

构思是景观规划设计前的准备工作，是景观设计不可缺少的一个环节。构思首先考虑的是满足其使用功能，充分为地块的使用者创造、安排出满意的空间场所，又要考虑不破坏当地的生态环境，尽量减少项目对周围生态环境的干扰。然后，采用构图以及下面所提及的各种手法进行具体的方案设计（如图1-66）。

（二）构图

1. 景观构图的含义

所谓构图即组合、联系和布局的意思，是在工程技术、经济状况可能的条件下，组合景观物质要素，联系周围环境并使其协调，取得完美的形式与内容高度统一的创作技法，也就是规划布局。这与单纯的平面构图是有很大区别的。

2. 景观构图的特点

（1）景观构图是一种立体空间艺术：景观构图是以自然美为特征的空间环境规划设计，是一种立体的空间艺术，要善于利用山水、地貌、植物、建筑，是以给予游赏者以美的感受为目的的艺术布局（如图1-67）。

（2）景观构图是综合的造型艺术：景观中充满造型，这些造型往往又会因时间和空间的转换而随之变化，即所谓的“步移景异”。因而景观的安排所考虑的绝不是一个方面的问题，而是多方面因素的综合（如图1-68）。

（3）景观构图受地区自然条件的制约，同时又受到地域文化的影响：不同地区的自然条件不同，其自然景观迥异，景观只能是因地制宜，随势造景，景由境出，这可以看作是自然物的不同；地区的人文因素不同。可能会影响到一些自然物的使用与安排，但更为直接的却表现在对人工建造物的影响，而这又必然影响到景观的风格（如图1-69）。

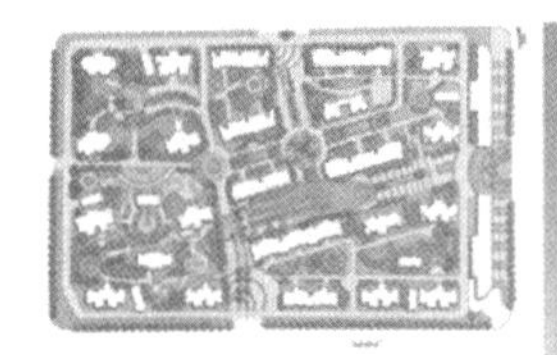

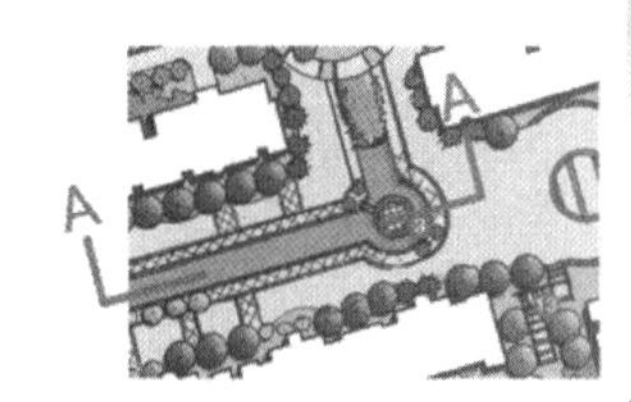

A-A剖面

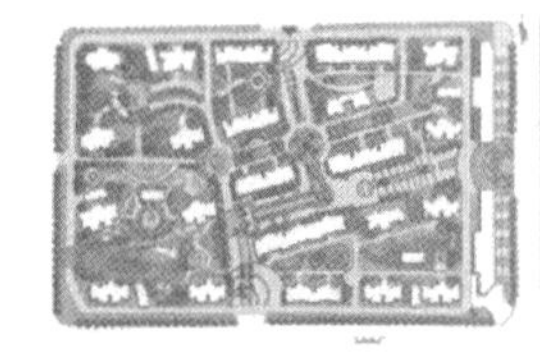

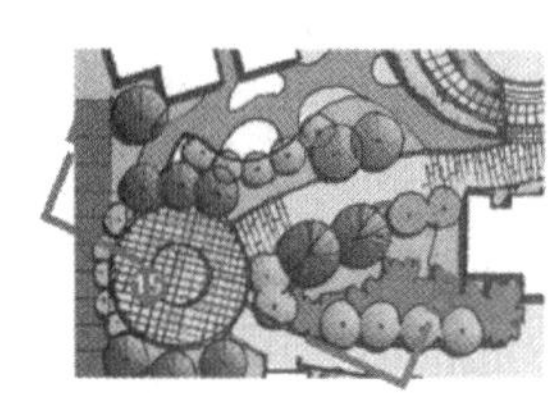

B-B剖面

图1-66 某景观设计构思示意图

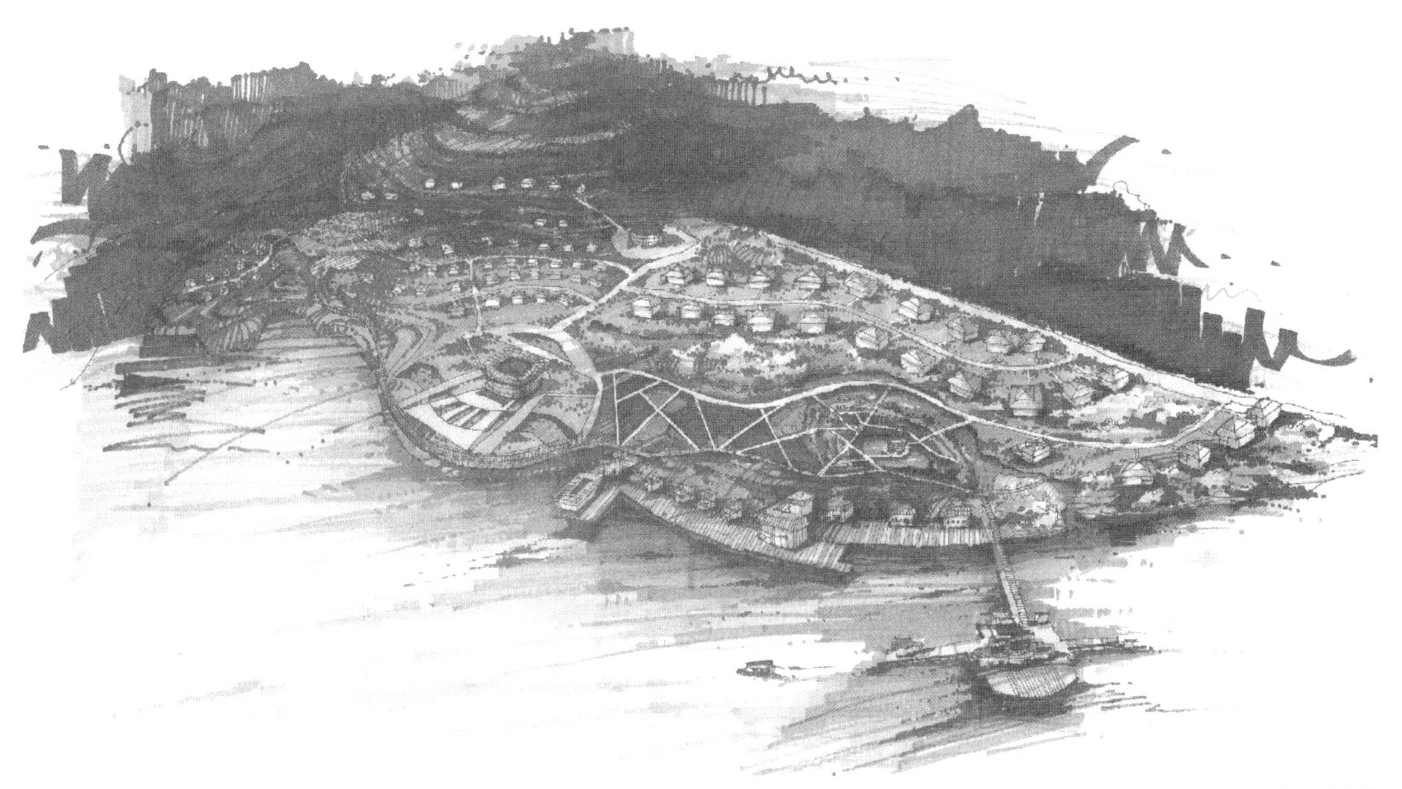

图1-67 某景观设计鸟瞰效果图

图1-68 某景观设计效果图

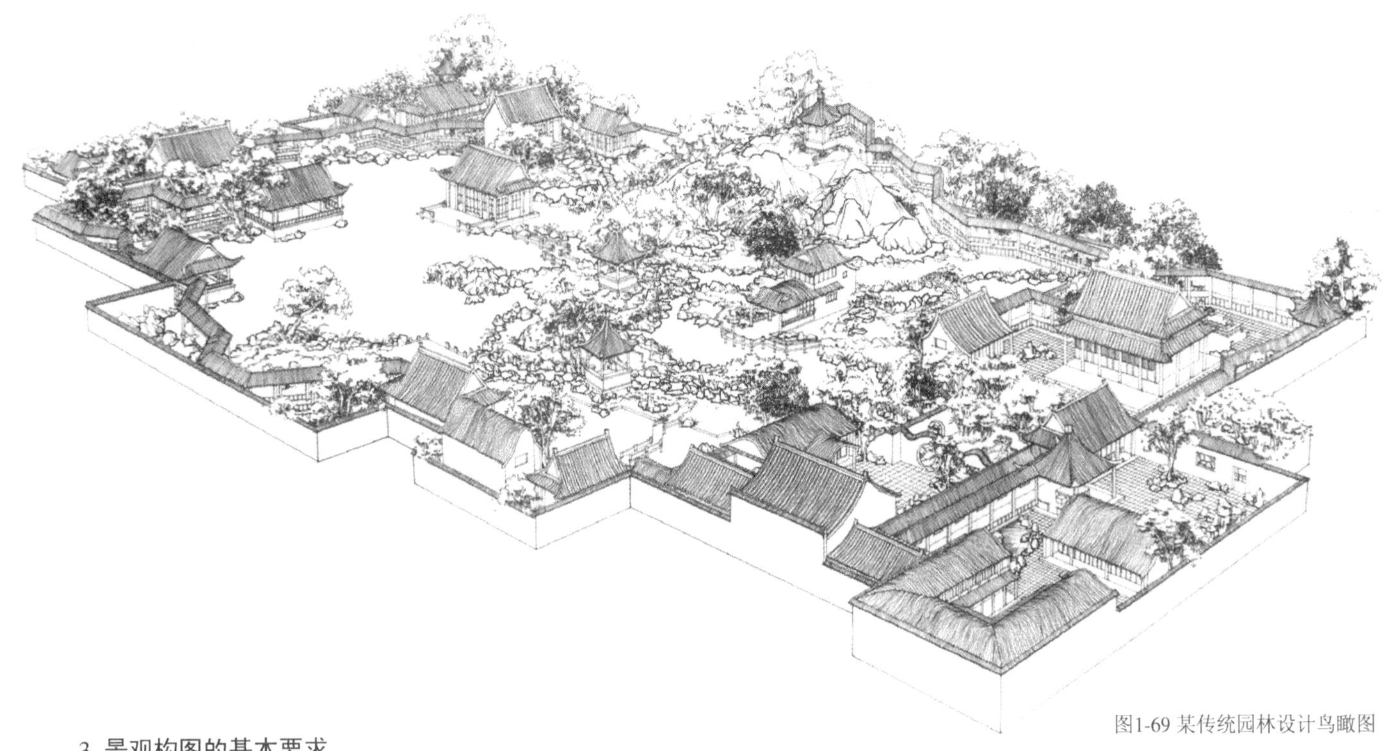

图1-69 某传统园林设计鸟瞰图

3. 景观构图的基本要求

（1）立意，即意在笔先：造景之前应当确定造景的意图和指导思想，而这一指导思想是根据景观的性质、功能、用途以及设计者欲创造的意境而确定的，是景观的形式和设施安排的总的设想。

（2）要注意主次分明，层次分明：这可以通过先确定功能分区，各区各得其所、各有特色而又互相联系、多样统一，完成共同的主题来体现。

（3）因地制宜，因时制宜：巧于利用自然条件、物质技术条件和植物的生物学特性，创造出最大的景观感染力。

（4）文景相依，诗情画意：这是我国传统园林的特点之一，把诗画联赋或史料典故等文学艺术结合到园林构图之中，做到不仅景美，意更美，诗情画意，触景生情。

（三）景与观景的感受

1. 景的感受

景是通过人的眼、耳、鼻、舌、身这五个功能器官来感受的，但大多数的景主要是通过视觉欣赏，即所谓观景。

不同的景有不同的感受，即所谓“触景生情”，这是因为观赏者的职业、年龄、性别、文化程度、社会经历和当时情绪的不同。园林中的景是客观存在的，是供游息的空间环境，可观、可用、可游，但景给人的感受却受多方面因素影响，其中情的影响尤为深远。

2. 赏景

景可供人游览观赏，但不同的游览观赏方式会产生不同的景观效果，给人以不同的感受。因此，研究游览观赏的规律对园林规则设计是有指导意义的。

（1）动态观赏与静态观赏：景的观赏有动静之分，动态观赏就是游，静态观赏主要是息，游而不息容易疲倦，息而不游又失去游览意义。在园林中往往是动静结合，在动的游览路线下，有系统地布置各种景观，设立一些停息之地，使游人可对四周景物细致观赏。小园宜静，大园宜动。

动态观赏景物时，视点与景物产生相对位移，成为一种动态的连续构图。静态观赏时，视点与景物位置不变，如看一幅立体风景画。实际上，观赏任何一个园林都是动中有静、静中有动，主要由游人自由选择，园林设计的意义在于可使这种选择向着最佳感受进行。

（2）观赏点与景物的视距：无论动、静观赏，游人所在位置称视点或观赏点。观赏点一般安排在主景物的南向，景物坐北朝南，可以争取到好的采光和光照及背风，给植物生长创造良好的条件。观赏点与景物之间的距离称观赏视距，视距适当与否与观赏的艺术效果关系很大。

视距对观赏效果的影响，首先表现在观赏的清晰度上。一般正常人的视力4000 m以外的景物就不易看到，大于 500 m时，对景物存在模糊形象，250米 ~ 270 m时，可看清景物的轮廓。如要看清树木及建筑的细部线条，则要在几十米内。

（3）俯视、仰视及平视的观赏：观景视点高低不同，又分为平视、仰视、俯视。

①平视观赏：视线与地面平行向前，游人头部不必上仰下俯，可以舒展地平望出去，不易疲劳。平视时景物高度的变化效果小，而对景物的深度有较强的感染力。所以平视观赏易产生平静、深远、安宁的气氛（如图1-70）。

图1-70 平视景观

②俯视观赏：游人视点高，居高临下，景物愈低显得愈小，可以造成开阔和惊险的景观效果，增强人们的信心（如图1-71）。

③仰视观赏：景物的高度增加可以形成雄伟、庄严、紧张的气氛。有时为强调主景的高大，常将视距压缩到景物高度的一倍以内，运用错觉使景物的高大感增强（如图1-72）。

平视、俯视、仰视的观赏有时不能截然分开，而是形成一个系列，所以各种视觉的风景观赏应统一考虑，获得更丰富的赏景内容。

（四）景观设计的造型方法

1. 群化原理

（1）接近组合：景观环境中，相临近的景物比相距远的区域易组织在一起。要素挨得越近，我们越觉得它们是一组；不相似的要素紧挨在一起会显得混乱。

（2）相似组合：尊重景观的积累效应，不同的事物中，在形状、方向、比例、层次、质感等要素上存在相似之处，或具有相同性质时就会形成联系，容易形成一种群化现象。完全围合的空间是内向的，局部围合的空间允许空间流入和流出。城市景观的构造可以看成一连串各种尺寸的围合空间。

（3）连续组合：把景观形象构成元素一个接一个排成行，形成关联群化，会得到连续景观。连续性在规模上是重要的，但它的冷漠性会显得景色单调，除非一种格局与另一种格局形成反差。

（4）闭合组合：按图底关系理论，具备组合条件就易形成图形；反之，就会成为背景。

2. 力动原理

在静止的景观环境中，采用具有力度感的造型形式以形成具有动感的景观形态。

（1）力场：景观环境内各景物形态内在的相互映衬所构成的心理感受。

图1-71 俯视景观

图1-72 仰视景观

（2）动势：景观形态是能引起人们运动印象的景观造型，动势比静态更能引起人们的注意和兴趣。

（3）整饰原理：具有整体性、严整性，观察周围景象时总是优选规则的，所以要用整体的、有规律的景观环境来强化审美的力度。

（五）景观设计的常用手法

（1）轴线法：利用轴线来组织景点、控制景素的方法。

（2）对构法：将重要景物组织到视线的终结处或轴线的端点处，以形成终视点的观赏效果。

（3）因借法：通过视点、视线的巧妙组织，把空间的景物纳入视线之中，目的是丰富景观的层次，扩大空间感。

（4）相似法：包括形似、神似，这里主要是指形似，使事物之间的形象相近似，以求得整体的和谐。

（5）抑扬法：利用空间对比来强化视觉感受。

（6）障景法：先抑后扬的手法，先抑视线，又能引导空间转折，欲露先藏，避免一览无余。

（7）诱导法：是充分考虑到动感效应的一种手法，让观赏者能够先知主景所在和前进的目的，通过艺术处理将观赏者逐渐引到主景区。

（8）透视法：利用视觉的错觉，改变景观环境效果的做法。

（9）框景法：当景物被框在景框内或整体露空时，观赏景物便更加美丽，层次更加丰富。

（10）衬托法：利用图底关系用底衬图，突出主要景物，采用衬托时要加大对比度，强调反差。

（11）虚拟法：是一种限定空间的方法。

三、景观环境的无障碍设计

（一）景观环境无障碍设计概述

城市无障碍化的景观环境从一个侧面反映了一个社会的文明进步水平，是物质文明和精神文明的集中体现，对提高人的素质，培养全民公共道德意识，推动和谐社会的建设具有重要的作用。随着残障人士融入社会需求的不断增长、人口老龄化的加剧以及人们对生活品质要求的不断提高，全社会对无障碍景观环境建设的要求日益迫切。关爱弱势人群，构筑现代化、国际化的新型的无障碍城市，构建平等、友爱、相互尊重的和谐社会氛围， 是目前我国城市建设的重要目标。同时“城市无障碍化环境”不但方便了老幼、残障人士等相对弱势人群的生活与出行活动，而且对广大普通人群的生活品质提高也有重大的意义。

无障碍设计强调在科学技术高度发展的现代社会中，一切有关人类衣食住行的公共空间环境以及各类建筑、公共设施、设备的规划设计，都必须充分考虑具有不同程度生理伤残缺陷者和正常活动能力衰退者的使用需求，配备能够应答、满足这些需求的服务功能与装置，营造一个充满关怀、切实保障人类安全、方便、舒适的现代化生活环境。

1. 行为障碍群体的定义与分类

无障碍设计是指在最大限度的可能范围内，不分性别、年龄与能力，创造适合所有人使用方便的环境和用品的设计属性。环境的无障碍设计最初提出是在20世纪初，由于人道主义的呼唤，无障碍设计在建筑设计、环境规划、产品设计等领域所介入的、由初始的人性化的设计理念发展到科学的规范和法规，旨在运用现代科学技术，为广大老年人、残疾人、妇女、儿童提供行动方便和安全的空间，创造一个平等参与的环境。国际上对于无障碍设计的研究可以追溯到30年代初，联合国成立后，曾先后发布《残疾人权利宣言》、《关于残疾人的世界行动纲领》等，均强调建设无障碍设施的问题。

行为障碍群体从狭义上讲是指各类行为不便的残障人，这类群体的行为障碍包括以下方面。

（1）移动障碍：包括不能行走、行动困难、依靠别人或器械行走、体力不支、特殊状态的移动不便的肢体残障者。

（2）信息障碍：失明、深度近视、失聪、依靠助听器者、语言困难、无思考能力、智力不全等残疾者。

从广义上讲，行为障碍群体可以说是包括了所有的智力正常、行为能力正常的人，重点是指在日常生活、工作、休闲、娱乐等活动中更容易造成行为、认知障碍的老年人和儿童。

2.无障碍设计的内容与分类

无障碍设计是基于对人类行为、意识与动作反应的细致研究，致力于优化一切为人所用的物与环境的设计，在使用操作界面上清除那些让使用者识别感到困惑、困难的“障碍”，为使用者提供最大可能的方便，这是无障碍设计的基本思想。

景观环境的无障碍设计内容涵盖了人们行为活动的各类空间、器物和用品。无障碍设计首先在都市建筑、环境设施、道路系统、导视系统中得以体现。交通路面上为盲人铺设的盲道、触觉指示地图，为乘坐轮椅者专设的卫生间、公用电话、兼有视听双重操作向导的银行自助存取款机等，进而扩展到工作、生活、娱乐中使用的各种公共设施。

多年以来，无障碍设计的主张从关爱人类弱势群体的视点出发，以更高层次的理想目标推动着设计的发展与进步，使人类创造的产品更趋于合理、亲切、人性化，更加体现了人文关怀的色彩。

新的无障碍设计概念，不仅仅是传统意义上的、广为大众所理解的环境中硬件设施的无障碍设计，例如为行动不便人士与老幼群体设置的高低差异的设备、盲道、坡道、扶手等常见的无障碍硬件设施。而广义的无障碍设计概念还包括了图形化的信息指示；用色彩、材料、光影等手段多元化的信息传达方式；各种便捷的服务、人性化的视觉引导系统等软件上的无障碍设计工作，无障碍设计的非物质性因素正逐渐引起人们的关注。

美国北卡罗来纳州立大学在1995年针对无障碍设计提出了七项原则，可以说是目前最具代表性的无障碍设计方针。

（1）平等的使用方式（Equitable Use）：不区分特定使用族群与对象，提供一致而平等的使用方式。

（2）具有通融性的使用方式（Flexibility in Use）：对应使用者多样的喜好与不同的能力。

（3）简单易懂的操作设计（Simple and Intuitive Use）：不论使用者的经验、知识、语言能力、集中力等因素，皆可容易操作。

（4）迅速理解必要的资讯（Perceptible Information）：与使用者的使用状况、视觉、听觉等感觉能力无关，必要的资讯可以迅速而有效率地传达。

（5）容错的设计考量（Tolerance for Error）：不会因错误的使用或无意识的行为而造成危险。

（6）有效率的轻松操作（Low Physical Effort）：有效率、轻松又不易疲劳的操作使用。

（7）规划合理的尺寸与空间（Size and Space for Approach and Use）：提供无关体格、姿势、移动能力，都可以轻松地接近、操作的空间。

3. 无障碍设计原则

（1）无障碍性：系指行为环境范围中应无障碍物和危险物。这是因环境区域内各类居民由于生理和心理条件的变化，自身的需求与现实的环境时常产生距离，随之他们的行为与环境的联系就发生了困难。因此，作为环境规划设计者，必须树立“以人为本”的思想，设身处地为老弱病残者着想，要以轮椅使用者和视觉残疾者的行为能力为基准，积极创造适宜的环境行为空间，以提高他们在环境中的行为自立能力。

（2）易识别性：系指环境的标识和提示设置。缺乏科学设计的指示标识设施，往往会给不同文化层次、不同行为能力的居民带来方位判别、预感危险上的困难，随之带来行为上的障碍和不安全。为此，设计上要充分运用视觉、听觉、触觉的手段，给予他们以重复的提示和告知，并通过空间层次和个性创造，以合理的空间序列、形象的特征塑造、鲜明的标识示意以及悦耳的音响提示等等，来提高环境空间的导向性和识别性。

（3）易达性：系指环境行走过程中的便捷性和舒适性。残障人、老年人行动较迟缓，因此要求环境场所及其设施必须具有可接近性。为此，设计者要为他们积极提供参加各种活动的可能性，从规划上确保他们自入口到各环境空间之间至少有一条方便、舒适的无障碍通道及必要设施，并保证他们有通过付出自我行为上的努力，能得以实施的心理满足感。

（4）可交往性：系指环境中应重视交往空间的营造及配套设施的设置。在具体的规划设计上，应多创造一些便于交往的围合空间、坐憩空间等，以便于相聚、聊天、娱乐和健身等活动，尽可能满足不同类型的行为障碍居民由于生理和心理上的

变化而对空间环境的特殊要求和偏好。

图1-73 公共座椅

（二）环境设施的无障碍设计

1. 环境设施的分类

环境设施这一词条产生于英国，英语为Street Furniture，直译为“街道的家具”，在欧洲，称其为Urban Element，直译为“城市元素”。环境设施是由政府提供的、属于社会公众享用或使用的公共物品。按经济学的说法，公共设施是政府提供的公共产品。从社会学来讲，公共设施是满足人们社会活动需求（如便利、安全、参与）和公共空间选择的设施。

城市环境设施功能用途的分类如下。

（1）休息类城市环境设施，如公共座椅、饮水处等（如图1-73、图1-74）。

图1-74 饮水处

图1-75 指示路牌

图1-77 水景喷泉

图1-76 电子查询装置

图1-78 路灯

图1-79 井盖

图1-81 邮筒

图1-82 垃圾桶

（2）信息类城市环境设施，如广告牌、指示路牌、电子查询装置等（如图1-75、图1-76）。

（3）美化装饰类城市环境设施，如雕塑、装饰照明、花坛、水景喷泉等（如图1-77）。

（4）供给类城市环境设施，如路灯、井盖与雨水篦、电话亭、邮筒、垃圾桶等（如图1-78～图1-82）。

（5）交通管理类城市环境设施，如地铁站、候车亭、护栏、自行车停放架等（如图1-83～图1-86）。

图1-80 电话亭

图1-83 地铁站

图1-84 候车亭

图1-85 护栏

图1-86 自行车停放架

图1-87 售货亭

图1-88 自动售货机

（6）售货类城市环境设施、如售货亭、自动售货机等（如图1-87、图1-88）。

（7）游乐类城市环境设施，如儿童游戏设施、健身设施等（如图1-89、图1-90）。

（8）残疾人专用城市环境设施，如坡道、盲道、残疾人专用电话亭、无障碍交通工具等（如图1-91～图1-94）。

图1-89 儿童游戏设施

图1-90 健身设施

图1-91 坡道

图1-92 盲道

图1-93 残疾人专用电话亭

图1-94 无障碍交通工具

2. 环境无障碍设施的设计原则

（1）平等的使用方式。在设计各类环境设施的过程中，遵循“不区分特定使用族群与对象，提供一致而平等的使用方式”的设计原则，减少因不同的使用方式而产生的心里差异感。若无法达成时，也尽可能提供类似或平等的使用方法。现代主义设计观告诉我们：功能决定一切，哪怕它是丑陋的功能怪物。但对于心理脆弱的残障人士，他们需要的也许就是“看起来和别人一样”，哪怕是功能有缺欠，避免使用者产生区隔感及挫折感。将无障碍产品设计的人性化、情趣化，甚至使其“隐形”，让残障人士享受与正常人同样的待遇和权利。

（2）有效并简单的使用行为。各类环境设施的使用必须是一个有效率的、轻松又不易疲劳的享受过程，让使用者可以用自然的姿势、尽可能多的体态下享受这些设施所提供的功能便利。同时还要考虑使用者可以承担的力量，避免由于使用过力所带来的身体负担。

科学的环境设施的设计应该满足不论使用者的经验、知识、语言能力、集中力等因素有何不同，皆可无障碍地使用。由于人们的地域性，文化背景，受教育程度的不同，其理解程度也不尽相同，无障碍设计的宗旨就是消除差异化。

图1-95 建筑物上的字体标识

图1-96 建筑物上的图形标识

（3）设计合理的尺度与空间。环境设施的科学、合理的设计尺度与使用空间可以为使用者提供无关体态、姿态、移动能力，都可以轻松地使用。科学的设计尺度可以让使用者不论采取站姿或坐姿，视觉信息都显而易见、舒适地操作使用；合理的使用空间提供给使用者及协助者自如地使用和操作的余地。

（4）容错的设计考量。环境设施的设计要有容错的设计考量，不能有设计上的误导使使用者因错误的使用或无意识的行动而造成危险。全面而周详的设计可以让使用的危险及错误降至最低，并具有保护性；在有可能发生操作错误时提供危险或错误的警示说明，即使操作失误也应保障安全性；引导正确的使用方式，避免诱发无意识的使用行为。

图1-97 地铁自助售票机及局部

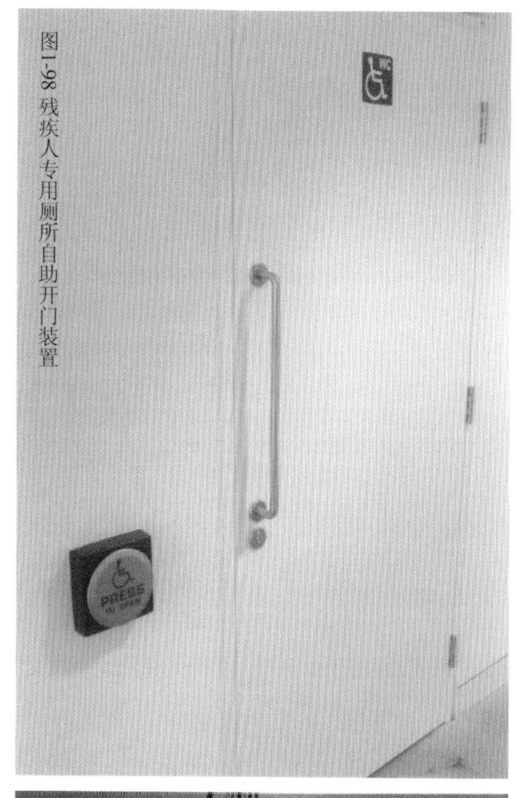

图1-98 残疾人专用厕所自助开门装置

（三）公共环境导视系统的无障碍设计

城市环境的标识与导视系统属于城市的公益配置，是指在城市中能明确表示内容、位置、方向、原则等功能的，以文字、图形、符号的形式构成的视觉图像系统的设置。如果没有完整的标识、导视系统，就等于城市的地图系统、道路标识系统没有完善，这些看起来似乎没有经济效益的设置，实则都是现代城市中必不可少的组成部分。可以说，一个城市的标识、标牌设计和导视系统的水平，是衡量一个城市文明程度的标志之一，也体现了这一城市规划水平的优劣。

1. 公共环境导视系统的分类

公共环境导视标识系统主要包含两部分内容：一是对公共空间中各个环境场所的命名或定义，二是对于公共空间的导向指示。由此，在当前的城市公共环境中，导视系统从功能上主要可以分为两大类：一类是场所识别标识，另一类是导向指示标识。

场所识别标识主要是指标明场所或建筑物的名称，对场所或建筑物的功能进行简单概括，如我们常常看到的一些场所的立体图形或名称标牌、建筑物上竖立的霓虹灯、LED发光立体字及其他一些代表性的图形。场所识别标识有时是建筑物上的一部分，有时也会是场所区域或建筑物环境中的一个景观（如图1-95、图1-96）。

导向指示标识中主要包括以下各类。

（1）操作标识。如指导使用者如何使用自动销售机，公共设施功能操作指示标识等。在社会现代化程度提高的过程中，公共场所的自动操作系统会越来越多，无障碍导视系统就越应完备（如图1-97、图1-98）。

（2）禁止标识。如在一些公共场所禁止大声喧哗、禁止吸烟、禁止摄影、禁止步入、专属区域禁止使用等。这些标识有些是具有法律意义的，有些是劝告式的，对社会公众都有制约作用（如图1-99、图1-100）。

（3）分布指示标识。如区域布局标识、游览区平面布局图等，设计形式有平面和立体的，具有形象化、易识别的特点（如图1-101、图1-102）。

图1-99 禁止标识

图1-100 停车场残疾人专用停车标识

图1-101 游览区平面示意图

图1-102 英国剑爱丁堡市中心立体示意模型

图1-103 交通信号灯

（4）交通信息标识。一般采用图形、符号、文字或电子设施等形式，向驾驶人员及行人传递法定信息，用以管制及引导交通的安全设施。合理地设置道路交通标志可以疏导交通，减少交通事故，提高道路通行能力（如图1-103、图1-104）。

（5）文化宣传标识。为了体现一个环境的地域文化与精神状态，在一些环境中设置宣传标识。一部分标识涉及市民的行为规范，如“不能随地吐痰”、“请关心帮助残疾人”等。一部分标识是文化知识性的，如对一些文化遗址进行介绍，对一些植物、动物进行标识。文化宣传标识是园林、社区、商业环境中普遍使用的一种识别形式（如图1-105、图1-106）。

（6）公共空间指示及服务标识。如采用立牌式、橱窗式、列表式、电子问询式形式对社会的公共环境服务功能，特色服务的介绍，可使游客、顾客能根据其空间的功能决定自己的进退（如图1-107、图1-108）。

2. 环境无障碍导视系统的设计原则

（1）要保障必要的资讯迅速而有效率地被认知和传达。无障碍导视系统的设计尽量以直观的方式和多元化手段传达必要的信息，在可能的条件下，可考虑加入听觉、味觉等其他感官系统作为辅助传达信息的手段。对于信息的内容、方法加以整理、区分和说明，借助辅助工具帮助视觉、听觉等有障碍的使用者获得必要的资讯。

图1-104 交通指示牌

图1-105 行为规范标识

（2）导视系统的设计应不因使用者的理解力及语言能力的不同而形成困扰。尽量运用简单的、易识别、易记忆的图示符号的方法，达到最快捷、最有效的识别目的，避免由于语言差异所导致的不必要的理解障碍。

（3）根据色彩学的基本原理设计无障碍导视系统，在设计中突出色彩整体性、对比性、鲜明性、单纯性的特点。

（4）根据人体工程学对无障碍设计的依据要求，通过分析人们视线最集中区域，得出合理标识的尺寸模数和最佳安放位置，提高导视系统的工作效率，达到导视系统与受众无障碍互动的要求。

（5）在必要的信息传递点必须配有盲文识别系统。

（6）采用显示屏等新技术手段，增加信息传达的时效性、主动性。

（7）针对不同环境区域中居民的宗教、文化、生活习惯的差异性，分析得出所要设计的导视系统应采用相对应的风格和颜色，它将增加无障碍标志传达系统的亲和力。

图1-106 植物及捐养说明牌

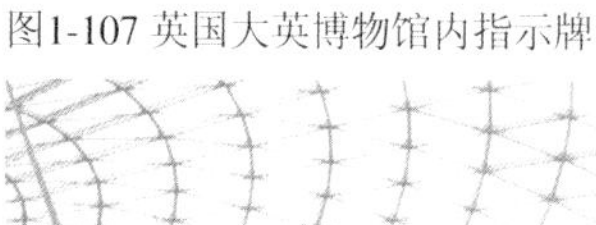
图1-107 英国大英博物馆内指示牌

图1-108 商业街上的电子问询系统

第二章 城市景观设计与表现

城市景观设计包含了场地规划范畴的新城建设、城市再开发、居住区开发、河岸、港口、水域利用、开放空间与公共绿地规划、城市风貌规划、旅游游憩地规划设计。城市设计范畴的城市空间创造、校园设计、城市设计研究、城市街景广场设计；场地设计范畴的科技工业园设计、居住区环境设计；场地详细设计范畴的建筑环境设计、园林建筑小品、店面、灯光；视觉景观涵盖的种植设计、环境艺术、园林设计；环境生态涵盖的废弃景观重新恢复、历史风貌、古建园林保护。经过20年来的不断发展和完善，现代城市景观设计无论在广义上还是狭义上都涵盖了城市生活的各个角落。可以毫不夸张地说，人类主要居住生活的城市环境都充斥了景观设计的工作。

一、城市景观设计的空间类型

从空间上划分，限定在城市范围内的景观设计包括了以下几种典型的空间类型。

1. 城市公共空间

城市公共空间包括各种规模和用途的城市广场，各种主题或无主题的城市公园与城市集中绿地，各类公共建筑的室外附属空间等（如图2-1 ~ 图2-3）。

2. 城市街道景观

城市街道景观包括主次干道、商业街、步行街等（如图2-4 ~ 图2-6）。

3.城市绿地系统

城市绿地系统包括具有防护功能的城市周围绿化带、城市河流、湖泊周围及沿岸绿化带，城市生态湿地、城市高压走廊绿化带，城市中山坡地绿化等（如图2-7 ~ 图2-9）。

4.城市交通空间

城市交通空间包括高速公路、铁路在城市穿越段落的沿线绿化，城市高架桥、立交路桥的沿线绿化及各种交通枢纽的周围绿化，包括机场、火车站、长途汽车站等（如图2-10、图2-11）。

图2-1 英国伯明翰城市广场

图2-2 英国杜伦城市绿地

图2-3 英国爱丁堡市文化馆前小广场

图2-4 法国巴黎香谢丽舍大街

图2-5 意大利米兰市中心商业街

图2-6 意大利米兰市步行街

图2-7 英国爱丁堡市城堡周围防护绿地图

图2-8 英国温得米尔市的湖边图

图2-9 英国爱丁堡市皇后公园山坡绿地

图2-10 日本大阪关西机场外的交通空间景观

图2-11 英国伦维多利亚火车站

二、城市景观设计组成要素

城市景观设计通常由五部分组成：地形地貌修正设计、植被设计、地面铺装设计、水体设计、地面构筑物设计。

（一）常见的地形地貌

景观设计师应当善于从地块的诸多地形特征中总结出主要特征，掌握其相对应的空间特征，考虑适合塑造什么样的空间和场地。一般情况下，我们将地形按其形态特点分为以下几类。

1. 平坦地貌

图2-12 英国伦敦海的公园绿地

对于平坦性地形，设计者往往需要通过颜色鲜艳、体量巨大、造型夸张的构筑物或雕塑来增加空间的趣味，形成空旷地的视觉焦点；或通过构筑物强调地平线和天际线的水平走向，形成大尺度的韵律；或通过竖向垂直的构筑物形成和水平走向的对比，增加视觉冲击力；也可以通过植物或沟壑进一步划分空旷的空间（如图2-12）。

2. 凸形地貌

人的视觉相应有向上和向下两个方向，在设计时往往会在高起的地方设置构筑物和建筑，以便人能从高处向四周远眺（如图2-13）。

图2-13 英国爱丁堡

3. 山脊地貌

山脊地形是连续的线性凸起地形，有明显的方向性和流线，习惯上人们乐于沿着山脊旅行（如图2-14）。

4. 凹形地貌

凹形地貌周围的坡度限定了一个较为封闭的空间，在一定尺度内易于被人识别，而且给人心理带来稳定和安全感。它具有内向性，往往被用作观演空间（如图2-15）。

5. 谷地

谷地是一系列连续和线性的凹形地貌，其空间特性和山脊地形正好相反（如图2-16）。

图2-14 英国爱丁堡市山地

图2-15 英国爱丁堡城市绿地

图2-16 英国爱丁堡市城市绿地

图2-17 成都临水某会所岸边植被

图2-19 北京某社区人行道铺装

图2-18 厦门鼓浪屿菽庄花园

图2-20 香港中环街头小公园

一般来说，户外空间有几个因素影响了人们的空间感受：①空间的地面，指可以供人活动的地面；②水平线和轮廓线，也就是天际线；③封闭性坡面的坡度（影响空间限定性的强弱）。当地面、轮廓线和周边坡度三个因素所占的面积在观察者45°圆锥以上，则产生完全封闭的空间；30°产生封闭空间；18度产生微弱封闭感；低于18°是开敞空间。

（二）植被设计

1. 植被设计基本原则

植物必须覆盖地形表面；不同高度层次植物之间的衔接要连续；运用植物分隔空间时植物的密度和高度要足以遮蔽视线；运用植物作为墙体分隔界限时应注意隔声等私密性控制（如图2-17）。

2. 树木的选用

应依照植物的生长特性，满足对环境温度与湿度的要求及对光照的要求，挑选适合本土的植物物种，避免由于选用不当而影响植物生长及成活（如图2-18）。

3.种植技术要求

应严格遵循植物生长特性种植和移植，保证不同物种的土壤要求，有关此内容参见相关园艺种植技术要求。

（三）地面铺装

硬质铺装分为三种：①高级铺装，适用于交通量大的道路；②简易铺装，适用于交通量小的道路；③轻型铺装，适用于人行道、园路、广场等（如图2-19）。常用铺装面层材料有沥青路面、混凝土铺装、卵石嵌砌铺装、预制砌块、石材铺装、砖砌铺装、木材铺装、玻璃铺装、金属铺装等。

（四）水体设计

1. 水景的分类

水景设计是景观设计的难点，也经常是点睛之笔。水的形态多种多样，或平缓或跌宕，或喧闹或静谧，而且潺潺水声也令人心旷神怡。景观设计中的水分为止水和动水两类，其中动水根据运动的特征又分为跌落的瀑布性水景、小溪的流淌性水景、静止的湖塘性水景、喷射的喷泉式水景（如图2-20）。

2. 水景设计要点

（1）注意水景的功能，是否观赏类、是否嬉水类、是否应该为水生植物和动物提供生存环境。

（2）水景设计须和地面排水相结合。

（3）在寒冷的北方，设计时应该考虑冬季时的处理。

（4）注意使用水景照明，尤其是动态水景照明。

（5）在设计时注意管线和设施的安放。

（6）注意防水层和防潮层处理。

图2-21 法国巴黎塞那河沿岸

图2-22 英国伯明翰城市设施与雕塑

图2-23 福建永定土楼世界文化遗产景观

3. 城市滨水地带设计

城市滨水地带是城市最有特色和魅力的地方，亲水是人类共同的需求，因此成为城市景观设计的重点地带（如图2-21）。

（五）地面构筑物设计

包括建筑、装饰小品、台阶和坡道、公共服务设施、城市家具、公共艺术品等。由于这些部位均为视觉关注的地方，要在充分满足功能性的前提下，充分展示其独特的艺术性设计（如图2-22）。

三、现代城市景观设计特征

在注重环境生态、人居质量、艺术风格、历史文脉和地方特色的今天，现代城市景观设计具有了更广阔的学科视野和研究范围，新的景观设计理念是为整个人居环境服务。

（一）景观的人文化倾向

人文特色是人文景观中的灵魂，但人文特色与自然资源的结合才能体现其最终表现力。景观的自然资源增加了自身美学欣赏性，而人文资源则增加了它的文化内涵，因此对这类景观的规划设计必须建立在两者的互相依托和互相借重的基础上。常用处理手法包括考古场地保护与自然景观结合、历史展示与自然景观结合、自然景观中赋予文化主题及历史景观的改造等（如图2-23）。

图2-24 北京798艺术社区

图2-25 成都三星堆博物馆生态公园

图2-26 英国哥拉斯哥车站广场街钟

（二）景观的科技、工业化倾向

设计基于对工业遗存物的保留和美学欣赏，如工业遗迹改造、利用工业旧址的景观再设计等（如图2-24）。

（三）景观的生态化倾向

由于认识到良好的生态是一切景观以及人类生活的基础，人类对景观关注的重点重新回到生态环境的治理方面。包括生态治理，生态改造利用，生态旅游等（如图2-25）。

（四）景观的艺术化与个性化倾向

景观的艺术化表现在很多方面：特殊艺术气氛的创造，如神秘感、童话气氛等。个性化表现在具有开放式结局的参与性景观、地方特色及表达寓意的景观艺术等（如图2-26）。

图2-27 英国伯恩茅斯城市公园

四、城市景观设计内容

城市景观设计的内容非常庞杂，范畴涉及建筑物、市政设施以外各种可视的环境内容，从上至下包括：已有建筑的外檐美化、招牌、照明设施（夜景灯光）、小品、雕塑、城市家具设施、地面铺装、各类水体水景、各种绿化种植、小范围地表收水排水设施、小范围地形改造、生态恢复和生态保护等等。正因为任务复杂，多学科融合、多专业配合是对本专业从业设计人员的基本要求。具体就是指能够把握最终美化效果的有专业美学训练背景的人才，能够解决复杂工程技术问题的各种专业人才，能够熟练掌握和运用各种植物素材的专

图2-28 意大利威尼斯圣马可广场

业人才。更重要的还要有领导城市发展意图和专业城市主管部门的规划、监控。

而设计的最终目标是让生活在其中的人们获得舒适的心理感受的同时，肩负可持续发展的责任。因此，这是一项系统设计，是关乎到人们生活环境质量及心理感受的细腻设计。设计的出发点是怎样以合理的代价获得我们舒适的城市生活空间，而权衡、协调成为这类设计重点考虑的内容。

（一）城市公园

城市公园设计需要注意以下几点。

（1）完备的附属设施，包括服务设施、餐厅、厕所、垃圾桶、公共标识等。

（2）新颖的游乐策划。

（3）将公园的文化特色和地方特色相结合（如图2-27）。

（二）城市广场

欧洲的城市广场起源较早。在古罗马城市中，十字路口的喷泉旁人们除了取水以外，还会相互交谈、交流信息，无疑这种空间已经具有了城市广场的某些特征，给人提供了聚集和交流的场所。从功能上分，现代城市广场可以分为市政广场、纪念广场、交通广场、商业广场和休息娱乐广场（如图2-28）。

现代城市广场作为以集会休闲为目的的人流高密度场所，应具备以下几个特点。

（1）提供支持聚集交往的场所，并具合适规模的场地。

（2）具有相对明确的空间边界和相对明确的格局。

（3）为了避免没有“人气”的广场，应当和城市中的文化、体育或博览建筑形成城市空间系统。

（4）注意地方性和历史人文的积淀。

（三）交通空间景观

街道的尺度、界面和空间构成往往成为城市特色的重要组成部分，街道景观成为现代城市景观中最有特色的部分（如图2-29）。

图2-29 上海某过街桥

（四）滨水景观带设计

传统人类依水而居，很多城市在生长过程中，都是由滨水地带的发展而带动其他地区的，例如上海、巴黎、伦敦、天津、墨尔本等城市。正因如此，滨水地区的资源荷载比城市其他区域都大，因而也最容易老化（如图2-30）。

图2-30 上海黄浦江外滩

对于滨水景观带的规划和开发应当注意以下几点。

（1）滨水地区的共享性和开放性，滨水地区是城市最为美丽的地区，应当为全体市民无偿拥有。

（2）将滨水景观规划纳入到整个城市景观规划的整体框架之中，增加滨水带和其他地带的相互联系，包括视觉上的和交通上的，以滨水景观带的开发带动整个城市的发展和整体人居环境品质的提高。

（3）在滨水景观带规划中，应注意保持原有物种的丰富性，避免对原有的湿地生态系统造成无法挽回的损失。

（4）在创造亲水情趣的同时，应当注意防洪设施的安全。

（5）强调沿河景观的整体化，防止建筑间缺乏协调，破坏沿河景观的轮廓线。

（五）城市雕塑

雕塑作为城市景观中的重要组成部分，分为景观中的雕塑、纯体现艺术性雕塑、与建筑结合雕塑等。各类雕塑设计应关注与周围环境的关系、体现的主题思想等，避免唐突的雕塑反而对人们的视觉造成影响（如图2-31）。

（六）自然景观保护

城市自然风景区规模划分大致有三类：小型风景区面积小于20km^2；中型面积从20到100km^2；大型100到150km^2；特大风景区大于500km^2。这类设计环境保护是关键，人为的开发一定要慎重，要进行充分论证（如图2-32）。

图2-31 英国纽卡斯尔城市雕塑

（七）人类学景观和历史景观保护

在这一类景观保护中，最为重要的是统一性原则和有机性原则。在传统村落和城镇景观保护中，建筑、地段和城市肌理、城市空间应当整体考虑，城镇的整体特色才是保护重点（如图2-33）。

图2-32 上海周庄

（八）城市景观设计原则

城市景观设计需要遵循几点原则：整体性原则、多样性原则、地方性原则、生态性和景观性结合原则、生态廊道和节点统筹考虑原则。

五、小结

就景观设计而言，其整体完美体现了技术与艺术的深入交融。美的环境是人们生活中刻意追求的，而这种美必须建立在便利、舒适的生活基础之上，只有这样的设计才有意义。正因为如此，设计者才得以不断地研究和探索，最能够说明问题的例子是城市的改造。我们生活的城市不断发生着变化，1年前、5年前、10年前，在中国近年来经济飞速发展的推动下，生活在城市中的人们充分感受到了这种时代的变化。也许欧洲的某个城市100年前和今天比较没有太大的变化，而中国，10年就足以让某个城市变化得找不到回家的路。恰逢这样的时代，是我们从事城市景观设计人的幸运，但也同时需要肩负起巨大的承前启后的责任，这需要我们去努力思考和创造。

图2-33 福建漳州南靖土楼

六、手绘表现城市景观设计

天津城市公园设计局部 • 景观设计专业 • 吴尚荣

教师点评

这是一幅城市公共空间的景观设计表现手绘图。作品以简练的钢笔线条勾绘出硬质的石头、水池、指示牌，又以夸张的线条勾勒出极简的人形，再以水彩填充近景的重色和阴影及远景的草坪、树木和天空。整体感觉构图饱满、层次清晰、表现生动。

天津城市滨河步行街设计局部 • 景观设计专业 • 吴尚荣

天津城市小广场设计局部 • 景观设计专业 • 吴尚荣

天津陈塘庄发电厂改造设计局部 • 景观设计专业 • 吴尚荣

教师点评

这是一幅城市工业厂房改造设计的手绘表现图。画面选用黄昏色调，给很硬朗、很现代的建筑立面增添了几许亮丽柔和的韵味。作品采用钢笔勾线，水彩渲染，刚柔相济，整体表现力很强。

教师点评

这是一幅城市休闲空间景观设计表现图。采用水彩表现不同层次的绿色植物，钢笔表现场景中的石材轮廓，包括近景的树木，简练轻松地表达出空间层次的丰富多彩，非常娴熟地运用了景观表现画技法。

天津城市开放空间休闲区设计
·景观设计专业·吴尚荣

天津陈塘庄发电厂改造局部鸟瞰之一
·景观设计专业·吴尚荣

天津陈塘庄发电厂改造局部鸟瞰之二
·景观设计专业·吴尚荣

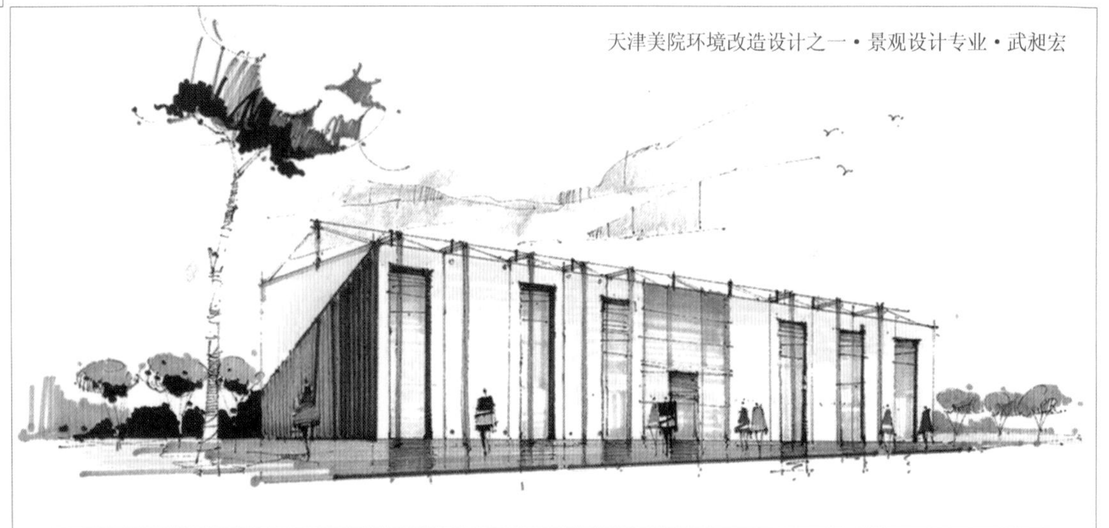
天津美院环境改造设计之一·景观设计专业·武昶宏

教师点评

这幅作品很好地表现了钢结构和玻璃各自的特点，运用马克笔将粗放和细腻相结合，强烈的笔触将钢架结构的厂房表现得恰如其分。天空采用彩铅，树木采用水彩，同色系和粗细线条的结合最大限度地强化了画面的效果。

天津美院环境改造设计之二·景观设计专业·武昶宏

天津美院环境改造设计之三·景观设计专业·武昶宏

教师点评

这是一幅同样用马克笔表达建筑物围合的内部空间的景观设计。但此作品以人对空间关系的表达不够合理，画面上人物的位置的选择有待商榷，本不该站人或人穿过的地方，因为有人的存在而使画面的整体效果被破坏。

天津美院环境改造设计之四・景观设计专业・武昶宏

教师点评

这幅作品运用马克笔与彩色铅笔配合使用的技法，将同样材质在不同明暗与受光、背光的条件下演绎得恰到好处。采用彩色铅笔与马克笔的对比，空间关系与光感被清晰地表现出来，适当的配景与人物的运用衬托出画面上构筑物的尺度关系。

天津美院环境改造设计之五・景观设计专业・武昶宏

天津美院环境改造设计之六·景观设计专业·武昶宏

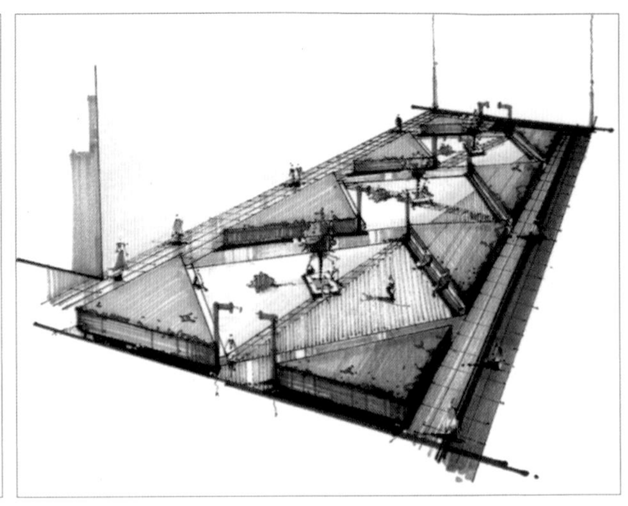

天津美院环境改造设计之七·景观设计专业·武昶宏

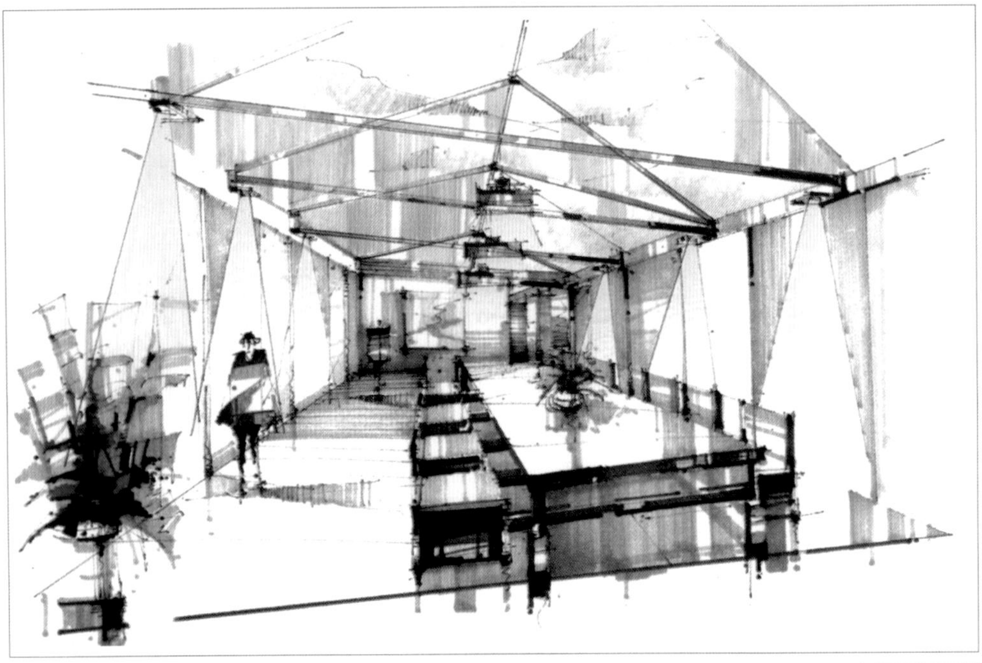

教师点评

本作品黄、绿、灰的对比，线条简洁而有力。在桌椅的表现上使用重叠的笔触，获得了丰富的色彩变化，把物体局部色彩的微妙变化表现得淋漓尽致。同时结合原先的厂房特点，使用马克笔把设计意图简单而清晰地表现出来。

天津美院环境改造设计之八·景观设计专业·武昶宏

教师点评

这幅作品采用钢笔结合马克笔，表现各种材质间的对比与协调，画面色彩跳跃，使所表达的空间的中心更突出，更具现代感，生动而有力。而地面砖与屋面瓦的细节处理，勾勒出传统与现代的冲突与对比，突出了设计感。

天津美院环境改造设计之九·景观设计专业·武昶宏

天津美院环境改造设计之十
・景观设计专业・武昶宏

某城市街景改造设计・景观设计专业・肖川

山东济宁南洋镇景观规划设计之一·景观设计专业·郭伊娜

山东济宁南洋镇景观规划设计之二·景观设计专业·郭伊娜

山东济宁南洋镇景观规划设计之三·景观设计专业·齐书宇

教师点评

这同样是一幅马克笔与钢笔结合的景观表现画，简洁的笔触，表现空间与各种材质之间的关系，适当加进一些色彩，画面自然流畅，又不失对细节的表现。

山东济宁南洋镇景观规划设计之四·景观设计专业·王婷

教师点评

这是一幅单纯以钢笔画表现沿河景观的作品。种植软景与铺装及木船造型的有机融合，不同植物搭配的如实表现，都准确反映了设计的构想。

教师点评

这是一幅由马克笔表达的鸟瞰场景图。作品通过笔触的连续性和色彩的明度表现场景的深远。但由于钢笔对树木勾形的轻重、笔触没有太多区别，使场景的透视感有些失真。

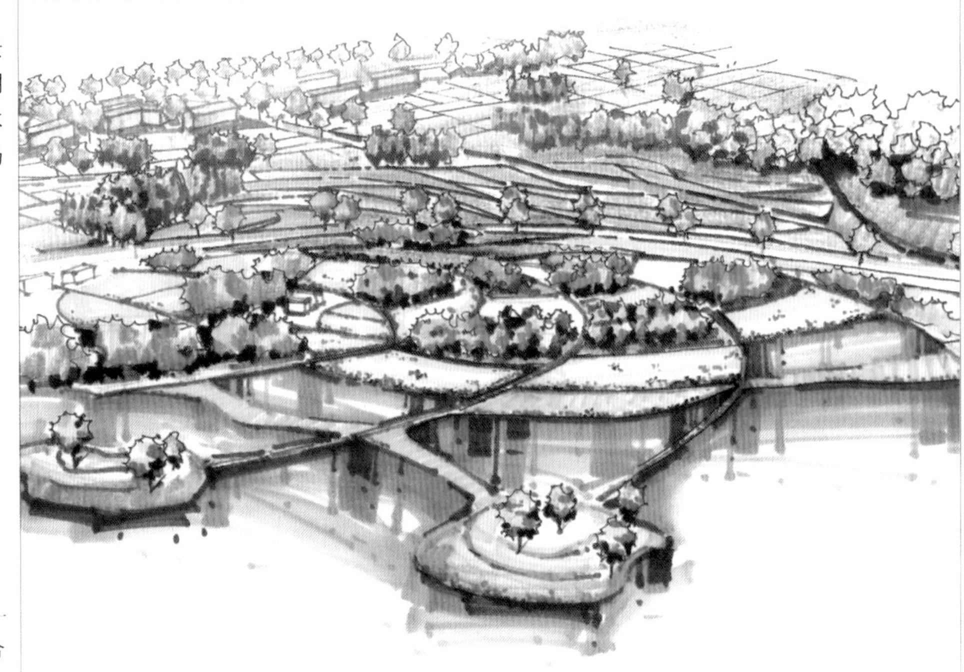

山东金桥煤矿塌陷地生态恢复设计之一・景观设计专业・张兰合

教师点评

这是一幅很有特色的钢笔与马克笔结合的景观图。天空与地面的大量留白，使画面显得清新、干净，而适当的人物又给画面增加了生活的气息。

山东金桥煤矿塌陷地生态恢复设计之二・景观设计专业・许艳明

山东金桥煤矿塌陷地生态恢复设计之三・景观设计专业・张静

福建漳州火山地质公园滨海景观带设计之一 • 景观设计专业 • 杨添榜

教师点评

这是一幅景观设计表现图。单色钢笔与马克笔的运用，使画面富有版画的效果。这种组合方式有很好的场景表现力，也是当今专业设计师普遍采用的一种技法。

福建漳州火山地质公园滨海景观带设计之二 • 景观设计专业 • 白明川

教师点评

这是一幅地质公园滨海景观带表现图，钢笔、炭笔加彩色铅笔使景观场景有版画的效果。

福建漳州火山地质公园滨海景观带设计之三·景观设计专业·杨添榜

教师点评

这幅作品采用马克笔加水溶性彩色铅笔进行表现，柔和细腻，准确表达了各种材质和肌理，是非常好的设计表达方式。

福建漳州火山地质公园滨海景观带设计之四·景观设计专业·田帅

教师点评

钢笔、彩色铅笔、马克笔的组合运用使画面效果极佳，而各种表现工具的适当使用，使设计的材质、空间关系清晰地呈现在眼前。

福建漳州火山地质公园滨海景观带设计之五 • 景观设计专业 • 白明川

教师点评

极具现代感的设计与帅气的表达，让观者有一种身临其境的冲动。而设计师选择的表达工具其实只是彩色铅笔与马克笔，打动观者的是以现代极简的色彩组合方式出现。

教师点评

这同样是一幅马克笔和水溶性彩色铅笔的表现图，色彩和笔触是它的亮点，无论是单色还是多色，同样可以表达出细腻或是粗旷的画面效果，不同的表达让人们对真实的场景有更多的期待。

福建漳州火山地质公园滨海景观带设计之六 • 景观设计专业 • 田帅

天津蓟县联合村景观规划局部之一·室内设计专业·鹿艳明

教师点评

本图采用水溶性彩色铅笔表现湿地景观的一个场景。此方法优势是色彩艳丽、形象逼真，不足的是真实感稍差。对于景观效果表现画而言，这是经常采用的技法之一。

教师点评

这是一种非常实用的表现技法，即水彩与水粉加水溶性彩色铅笔。水溶性彩色铅笔的颜色纯艳，弥补了水彩色彩饱和度的不足，表达湿地景观显得清新明快。水彩纸的使用也为画面增添了质感，使色彩变化更加柔和。

天津蓟县联合村景观规划局部之二·室内设计专业·李颖

天津新开桥至盐坨桥堤岸景观设计之一 • 室内设计专业 • 尹柏程

教师点评

艳丽的色彩往往是景观设计人员比较避讳的表现方式。所谓艺高人胆大，这幅作品夸张的色彩也为景观设计的表现开辟了另一番空间，让人感觉眼前一亮。

天津新开桥至盐坨桥堤岸景观设计之二 • 室内设计专业 • 尹柏程

教师点评

配景素材的恰当运用，让人们对工程剖面图有了丰富的联想，比透视效果图更加真实、简单。这种手法关键在于色彩技巧和人物、植物的穿插及拷贝技巧的运用。

天津新开桥至盐坨桥堤岸景观设计之三 • 室内设计专业 • 尹柏程

教师点评

对于不同的材质和不同的构筑方式，马克笔都有极强的表现力，而钢笔线条的配合使形的准确和变化更出色。加之色彩和配景人物的运用，使画面更活泼、生动。

天津新开桥至盐坨桥堤岸景观设计之四·室内设计专业·尹柏程

天津新开桥至盐坨桥堤岸景观设计之五·室内设计专业·尹柏程

教师点评

相对刻板的工程设计剖面图，如果加上了适当的人物、植物配景，再加上一些色彩，顿时变成了景观设计表现画。这种方式是同行设计师大量采用的，方便、快捷，效果突出。

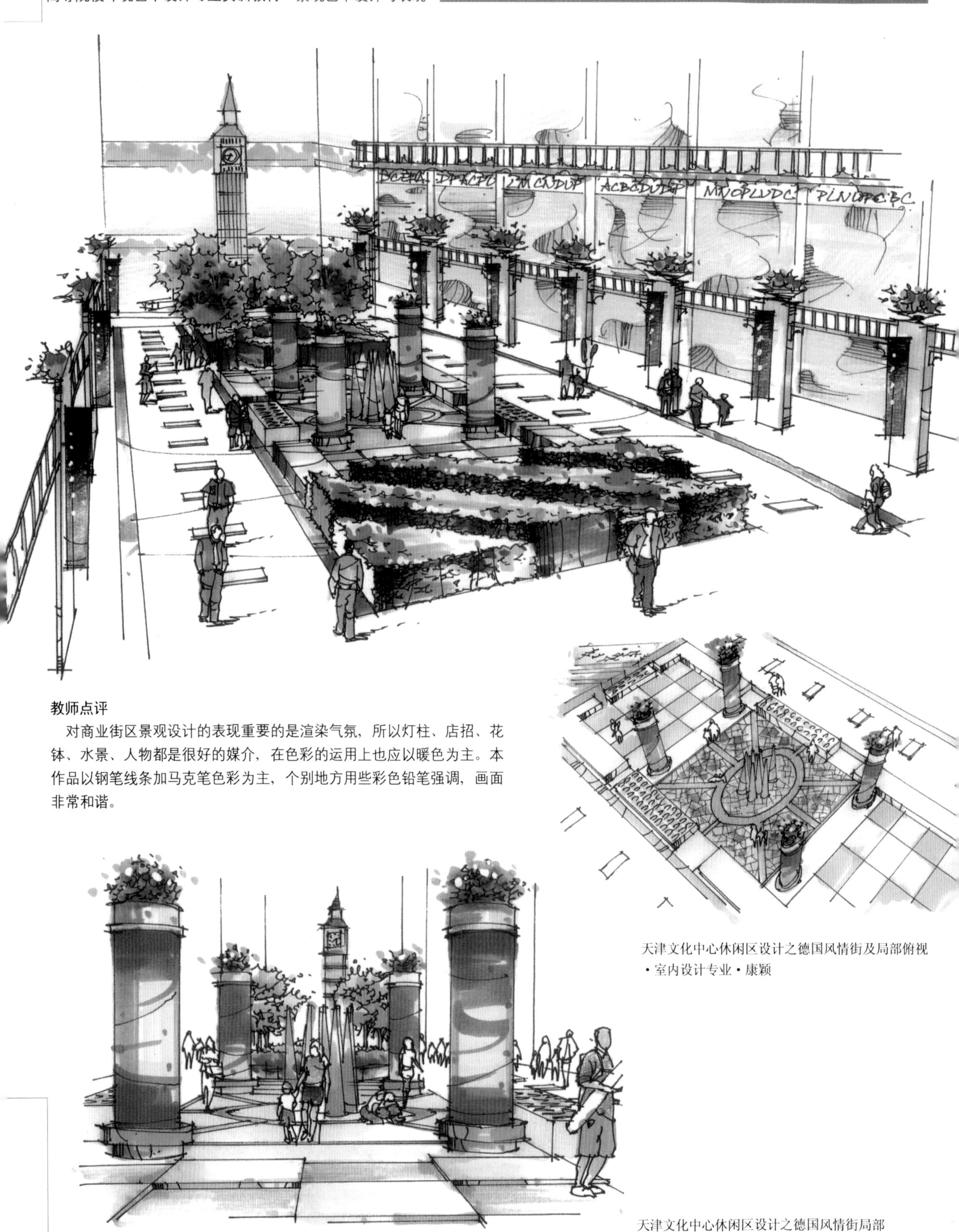

教师点评

对商业街区景观设计的表现重要的是渲染气氛，所以灯柱、店招、花钵、水景、人物都是很好的媒介，在色彩的运用上也应以暖色为主。本作品以钢笔线条加马克笔色彩为主，个别地方用些彩色铅笔强调，画面非常和谐。

天津文化中心休闲区设计之德国风情街及局部俯视
・室内设计专业・康颖

天津文化中心休闲区设计之德国风情街局部
・室内设计专业・康颖

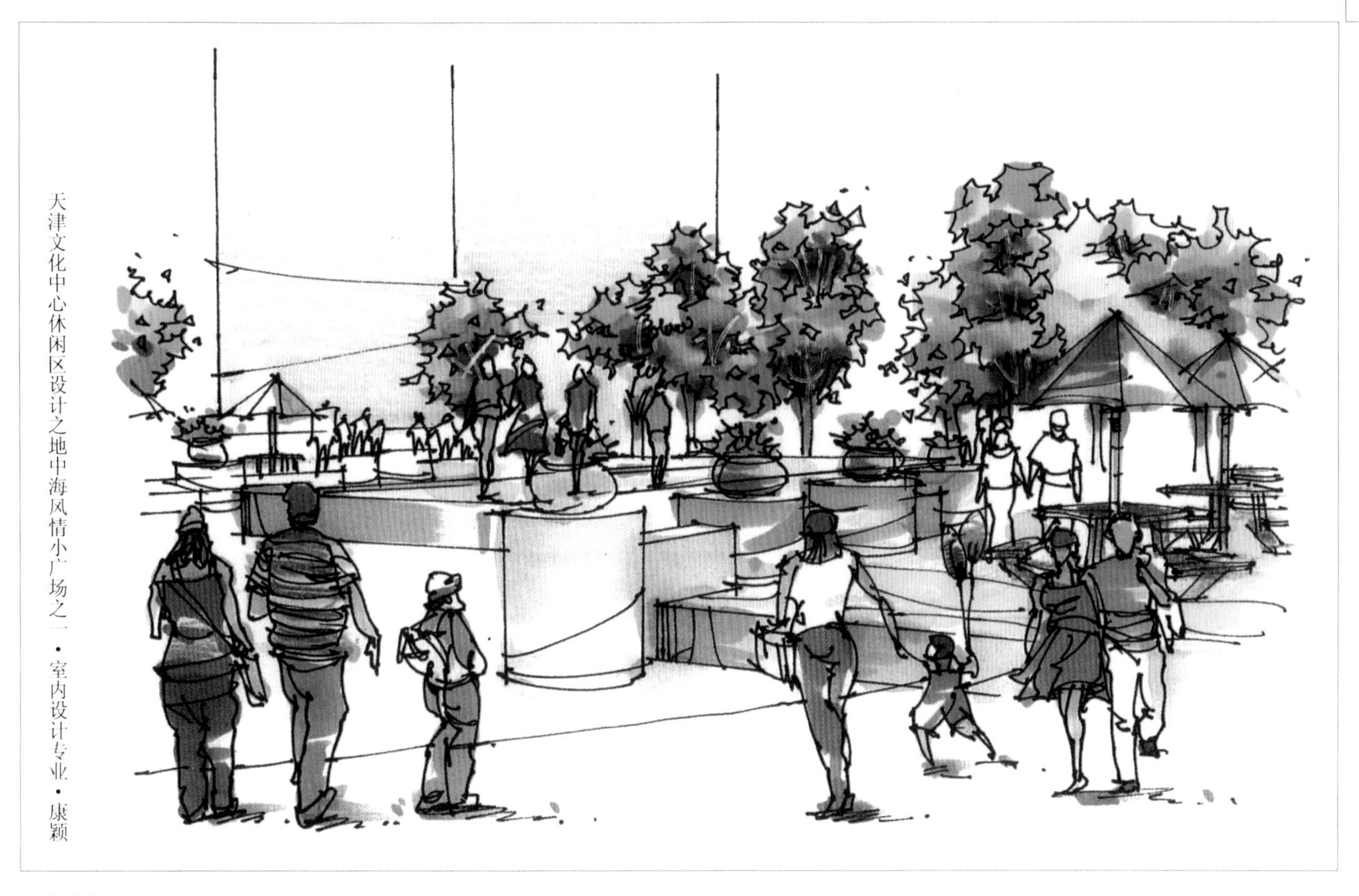
天津文化中心休闲区设计之地中海风情小广场之一·室内设计专业·康颖

教师点评

在表现局部效果时，对空间中的各组成部分的尺度把握很重要。人与地面、人与家具（座椅、伞）、人与植物、家具与植物之间的比例关系要相对准确，否则效果就会差很多。

天津文化中心休闲区设计之地中海风情小广场之二·室内设计专业·康颖

天津文化中心休闲区设计之地中海风情小广场之三·室内设计专业·康颖

教师点评

商业广场的整体景观设计表现强调动感和人气，因此要大量采用配景人物以表达商业感觉。人物的色彩也相对夸张一些，植物的背景使空间显得很大，商业广场的气势被烘托出来。

天津文化中心休闲区设计之荷兰风情街之一·室内设计专业·康颖

天津文化中心休闲区设计之荷兰风情街之二·室内设计专业·康颖

天津文化中心休闲区设计之荷兰风情街之三·室内设计专业·康颖

天津文化中心休闲区设计之法国风情街之一 • 室内设计专业 • 康颖

教师点评

表达商业街区的景观设计对色彩的运用很重要，本表现图非常注重各组成元素之间的色彩融合，也就是对环境色的表现。画面中植物的颜色不追求真实，着重反映灯光及其他环境色彩，这是本作品的技巧所在。

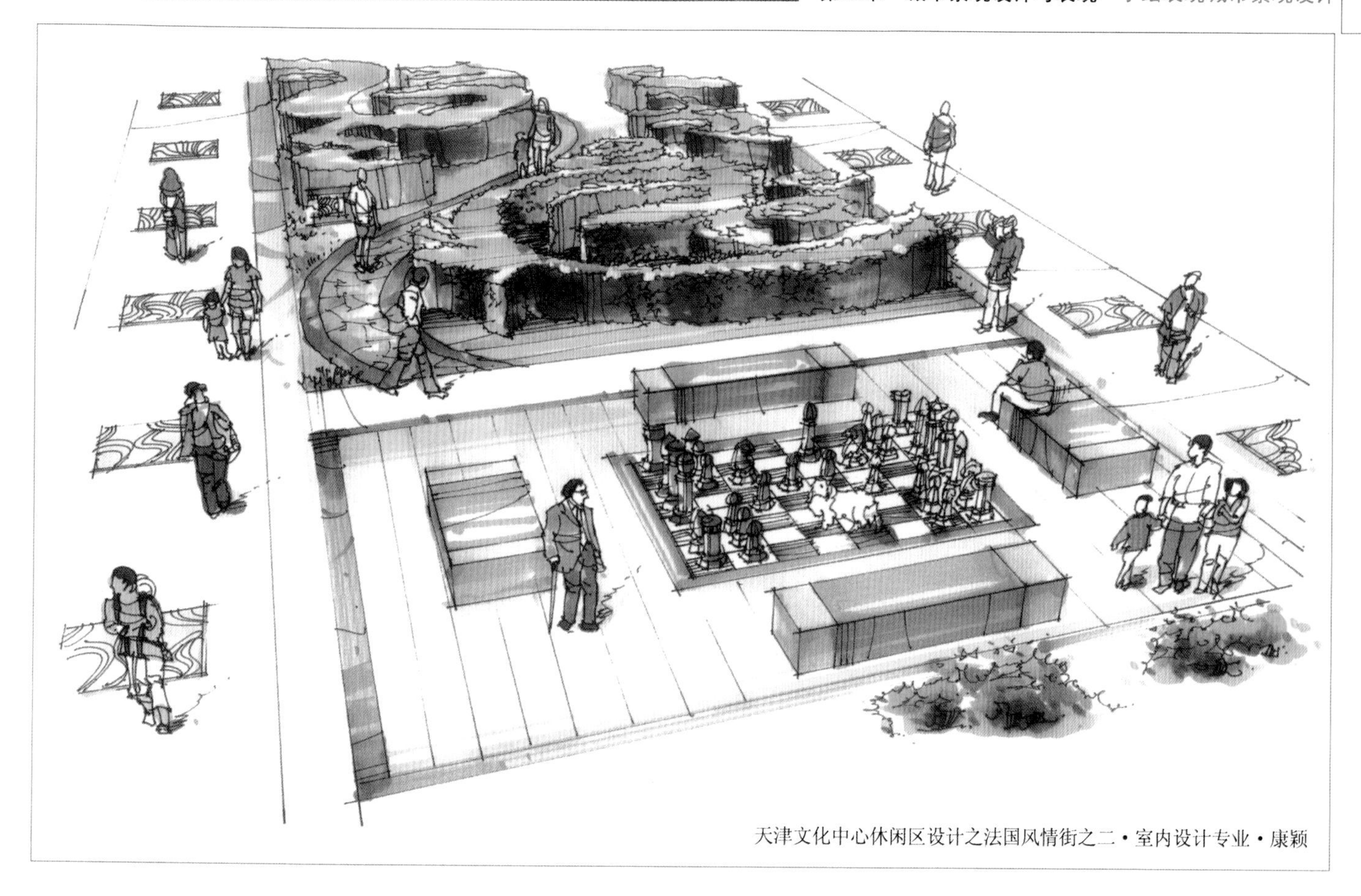

天津文化中心休闲区设计之法国风情街之二·室内设计专业·康颖

教师点评

某些时候，在表达景观设计的作品中，为了构图或色彩关系的需要，可能会忽略某些设计细节的表达。在本画面中，两组人物站在草坪上或穿过草坪，这在现实中显然不太合理，因此类似这样的安排应尽量避免。

天津文化中心休闲区设计之法国风情街之三·室内设计专业·康颖

天津文化中心休闲区设计之英国风情小广场之一 • 室内设计专业 • 康颖

天津文化中心休闲区设计之英国风情小广场之二・室内设计专业・康颖

天津文化中心休闲区设计之英国风情小广场之三・室内设计专业・康颖

天津文化中心休闲区设计之西班牙风情小广场之一·室内设计专业·康颖

天津文化中心休闲区设计之西班牙风情小广场之二·室内设计专业·康颖

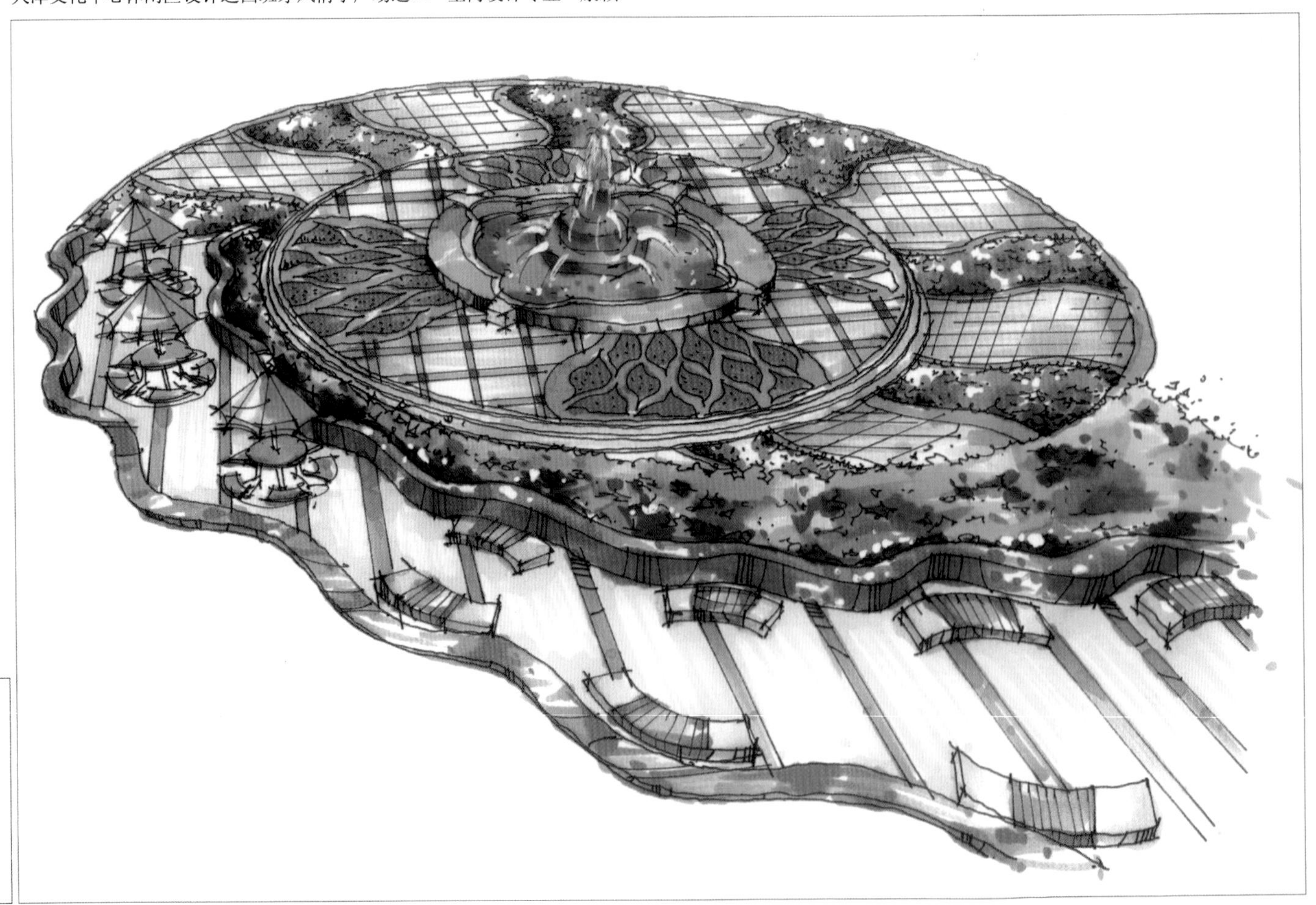

天津文化中心休闲区设计之大力水手・室内设计专业・刘宇晨

天津文化中心休闲区设计之儿童乐园・室内设计专业・刘宇晨

天津文化中心休闲区设计之意大利街区・室内设计专业・刘宇晨

教师点评

同样是商业街区的景观设计表现作品，同样丰富的色彩表现力，同样的人物对环境气氛的渲染，但由于人物的大小比例不对，使人很难想象台阶、水景、桥、花架互相之间的尺度关系。对于水景墙和台阶及两侧的墙体而言，人物很小，显得这些硬景特别巨大；而在两个花架之间桥上的人又太大，显得桥又太小了。

天津文化中心休闲区设计之意大利街区·室内设计专业·龙云飞

天津文化中心休闲区设计之江南风情街之一·室内设计专业·龙云飞

天津文化中心休闲区设计之江南风情街之二・室内设计专业・龙云飞

天津文化中心休闲区设计之江南风情街之三・室内设计专业・龙云飞

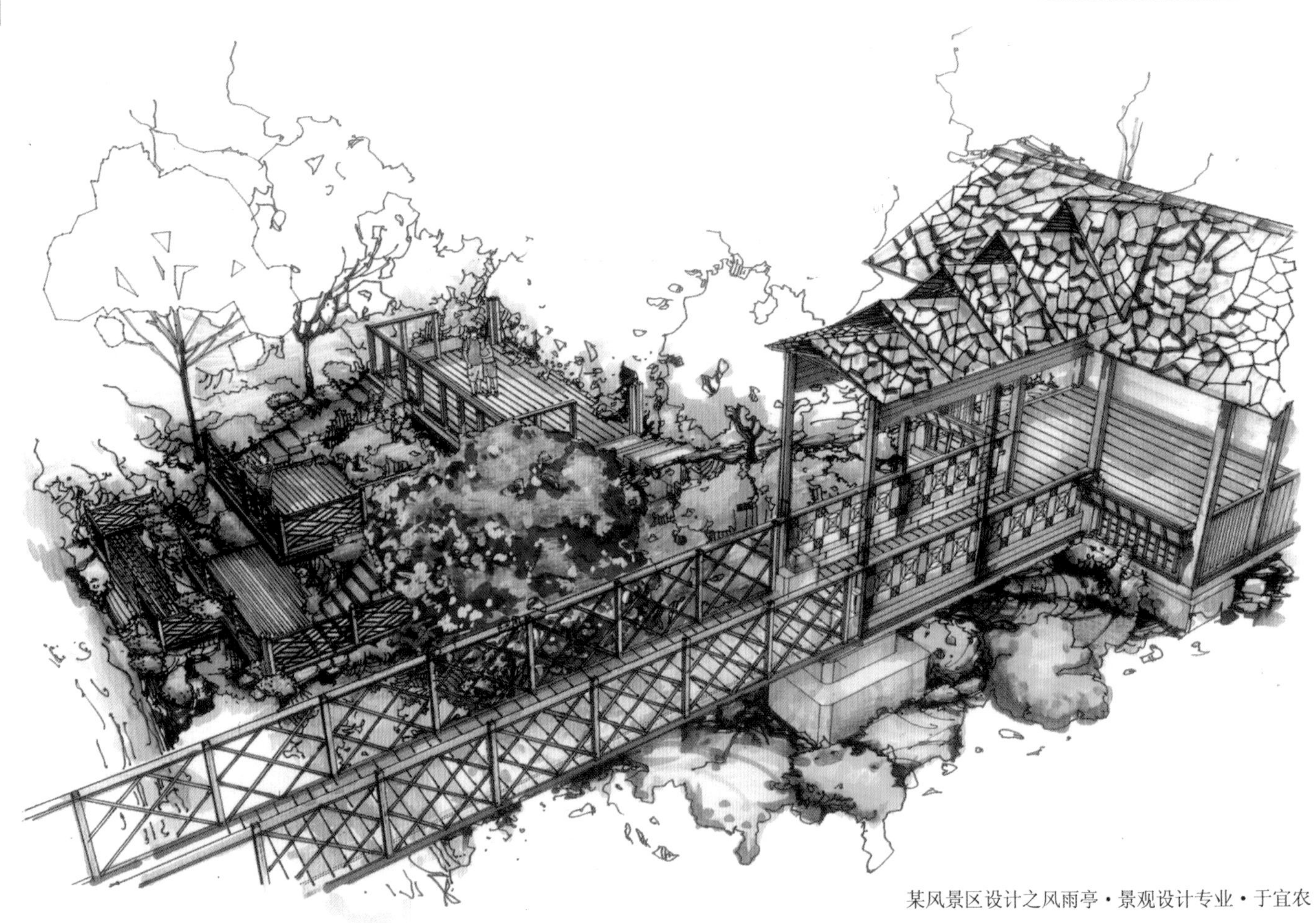

某风景区设计之风雨亭 · 景观设计专业 · 于宜农

教师点评

钢笔淡彩是建筑表现图最常用的手法。本幅景观设计图以钢笔线条精细地表现竹、木材质的不同细节，生动、细腻，足见对各种细节的设计考虑。

某风景区设计之篝火广场 · 景观设计专业 · 于宜农

教师点评

对商业街区的表现可以采用这种沿街正立面画的方式，其纯度很高的马克笔色彩与微扭的钢笔线条，将传统市井形象表现得活灵活现。

山东济宁市太白楼路景观改造设计之一·景观设计专业·唐汇晨

教师点评

这是城市商业街区中很抢眼的地段环境表现图，丰富、艳丽的色彩让建筑立面很夺目，与沿街的树木与前景的水景形成丰富的空间层次，而配景中的摩登人物及亮丽的汽车共同展示了现代都市的气息。马克笔、彩色铅笔、水粉、钢笔的熟练使用，前景、中景之间的关系都表达得非常自然、清晰。

山东济宁市太白楼路景观改造设计之二·景观设计专业·唐汇晨

山东济宁市太白楼路景观改造设计之三·景观设计专业·唐汇晨

教师点评

本幅景观作品对树木的表现非常细腻，给设计师的构想增色不少，足见绘画功底在景观设计表现中的作用。

山东济宁市太白楼路景观改造设计之四·景观设计专业·伊欣

教师点评

这是一幅表现力很强的城市滨河景观带设计图。在以绿、黄、蓝色为主的环境中，添加红色人物配景，以“撞色”的对比表现画面感。作者运用了水粉提亮画面上的高光处，使绘画技巧很好地体现在了钢笔线条、马克笔涂色的常用表现手法中。

山东济宁市太白楼路景观改造设计之五・景观设计专业・伊欣

山东济宁市太白楼路景观改造设计之六・景观设计专业・孙豪

山东济宁市太白楼路景观改造设计之七・景观设计专业・孙豪

南方某公园设计之一·室内设计专业·韩晓敏

南方某公园设计之二·室内设计专业·韩晓敏

南方某公园设计之三·室内设计专业·刘炳砚

教师点评

采用彩色铅笔表达景观设计是美国设计师最常用的表现方式，可以将景观刻画的非常细腻。本幅作品以此手法反映了带有中式味道的园林设计，也有较好的表现效果。

南方某公园设计之四·室内设计专业·刘炳砚

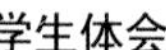

学生体会

这个建筑是为了我家乡的花农们设计的。看着他们风里来雨里去的辛勤劳动，为城市提供娇艳的鲜花，而他们的住宅确实无比简陋，我就想用他们本地常见的石材做为房屋的材料，并把住宅与花圃结合在一起。

天津某住宅设计·景观设计专业·韩予

学生体会

这原本是相关设计作业的效果图，突出的是灯光的效果。我认为，夜间的灯光装饰照明应该为路人营造一种安静祥和的气氛，而不是单纯地把建筑和树木照亮。营造灯光效果的景观夜景表现是比较难的，尤其是非商业街区的普通城市街区。这幅作品以深蓝色的天空衬托出层次丰富的建筑群，一切是那么安静，只有星星在闪亮。

天津街道夜景灯光改造设计·景观设计专业·韩予

天津某商业街设计之一·景观设计专业·韩予

学生体会

这个商业空间最大的特点是引入了一小片休息的天地。想想往日自己陪女友在商业街里一逛就是几个小时的经历，在叫苦不迭的同时，心中是多么渴望有一处可以停歇下来安心品茶的茶座或咖啡店，听听身旁水池的流水声，心中的疲倦也会得到片刻的放松。

天津某商业街设计之二·景观设计专业·韩予

学生体会

主题式商业街融合了西方的建筑形式，着力突出东方文化，使人行走于街市之中也可以得到精神上的愉悦。商业街上有大范围的绿植，购物的同时也不失放松心情。与当今熙熙攘攘的大商业街相比，主题式商业街更加注重提供给顾客一个适宜的消费环境，在快乐中购物。本作品大量应用水粉画技巧，尤其还是这样典型富有民族特色的商业街中，足见绘画与设计表现的高度契合，传统韵味跃然纸上。

某山林别墅景观设计 • 室内设计专业 • 杨慧

南方某公园设计之一・室内设计专业・张锦生

南方某公园设计之二・室内设计专业・张锦生

天津某休闲广场设计平面图·室内设计专业·王伟

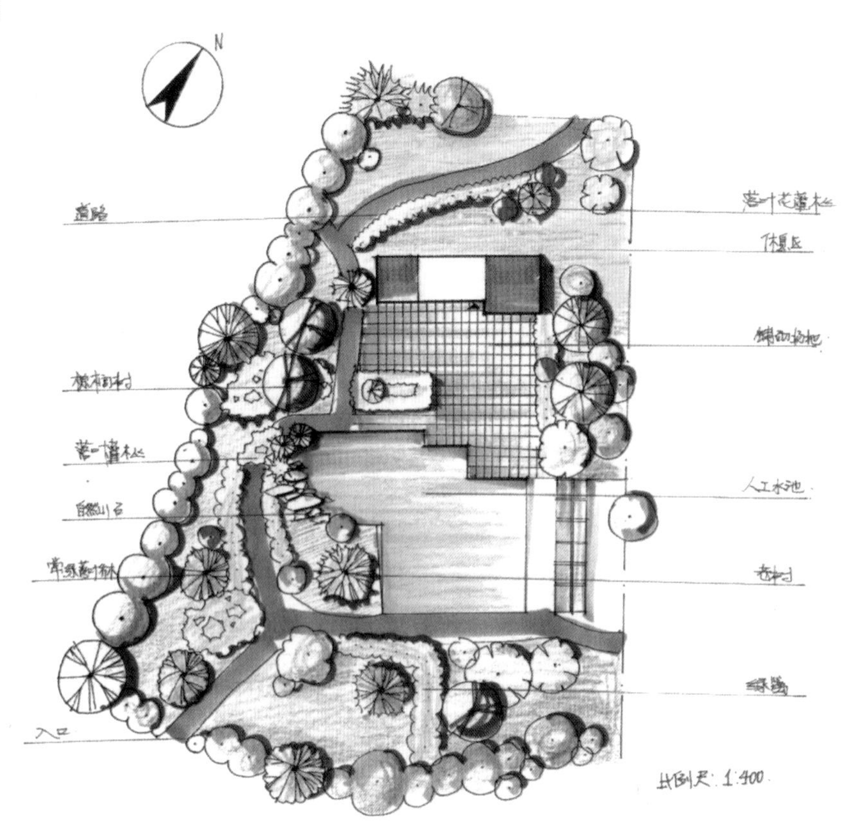

学生体会

本作品整个平面设计有主有次，有高有低，“动静”分区，是一个小型的休闲放松的场地。公园共有四个入口，公园的北端是一个便利店，是公园的主要消费区。小型的水池和岸边的地灯带围合出休闲、静逸、趣味的空间。公园的南部在规划上用草坪、树木、植被塑造出安静的氛围并配以休息场所，园内的植物多样，高低错落，层次丰富。

天津某休闲广场设计效果图·室内设计专业·王伟

天津意大利风情街沿街景观设计 · 室内设计专业 · 凌佳境

某城市小广场设计 · 室内设计专业 · 赵雪

某办公楼前景观设计
· 室内设计专业 · 李椿生

某住宅区景观设计
· 室内设计专业 · 段雯

教师点评

绿色、环保、低碳是现在最流行的词汇之一，住宅小区也日趋朝这个方向发展着。此小区的景观设计很有特色，防腐木对防止绿植根部的水土流失起到了举足轻重的作用，碎石跌水和小桥为大面积的绿色增添了很多生气，也为行走于其间的人们带来乐趣。

天津3526厂区改造景观设计之鸟瞰图 • 室内设计专业 • 吴建中

天津3526厂区改造景观设计之旋转展厅周边 • 室内设计专业 • 吴建中

学生体会

这是一幅表现大型公共建筑及室外环境的表现图。画面采用黄昏色系，主要使用彩色铅笔的多层覆盖表达色彩效果，层次丰富。再辅助用水粉拉线，使材质现代的建筑外观挺拔有力，同时适当的配景人物增添了画面的气氛，效果非常壮观。

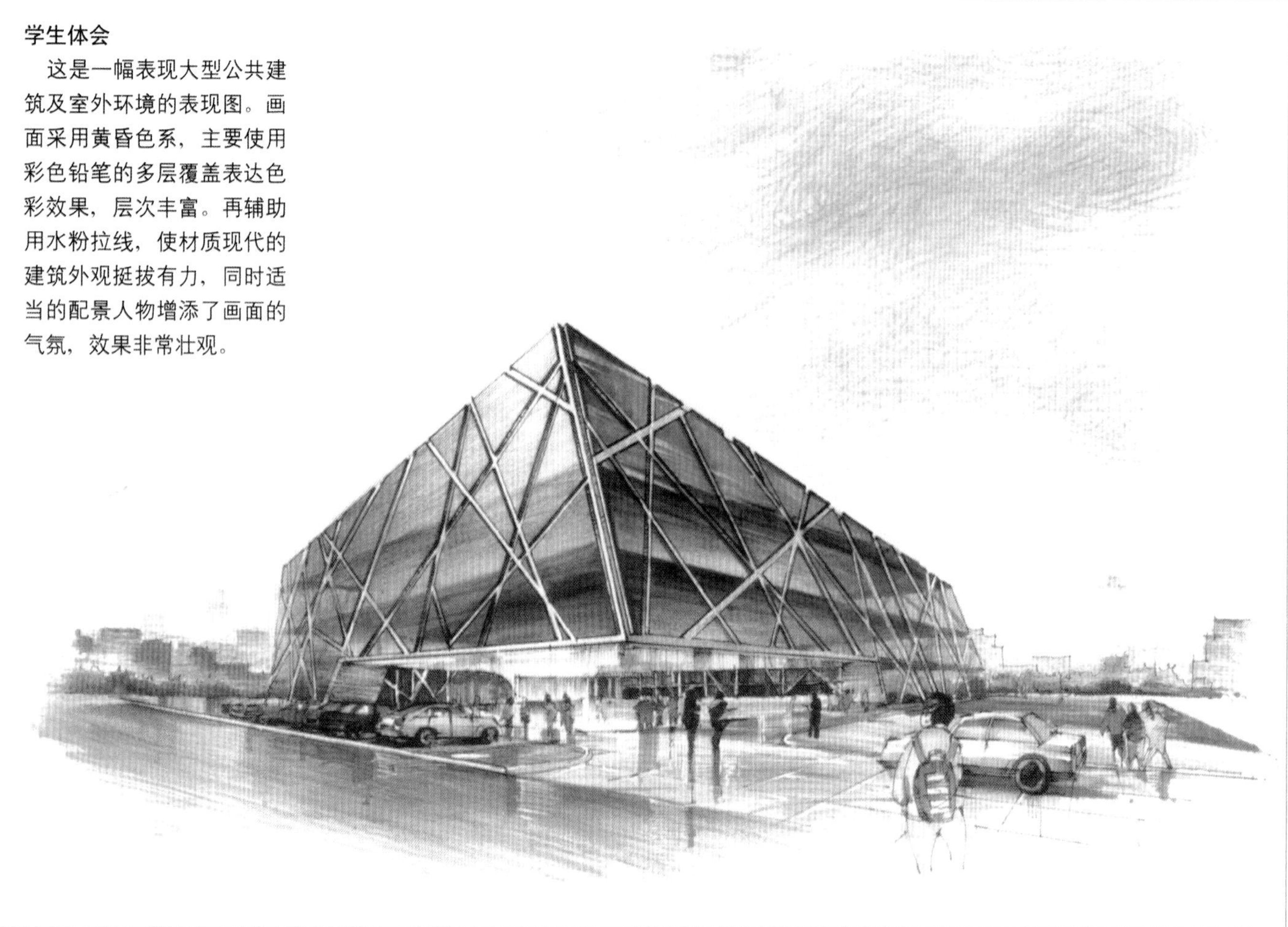

城市大型公建广场设计·室内设计专业·曲云龙

沿街建筑前小广场设计·景观设计专业·张海岩

天津凌奥风情街英式酒吧设计·景观设计专业·彭一雄

学生体会

这是一幅较为完整的城市街景设计表现图。作者以娴熟的马克笔绘画技巧，准确表达了英式建筑的沿街立面效果，并细致刻画了街道周围的设施及铺地、绿植的相互关系。

学生体会

这幅作品表现了城市步行小巷，安静并伴有几许神秘。路灯和店招表明这是古老的小镇街道，而配景的人物又体现了现代和摩登。

某城市街景改造设计・景观设计专业・任砚

某城市街景改造设计・景观设计专业・王钧

某城市街景改造设计·室内设计专业·刘涛

某城市街景改造设计·景观设计专业·刘爽

学生体会

这是一幅非常有代表性的城市商业小广场的景观设计图，众多的人物成为画面的视觉焦点。帅气的线条，马克笔的色彩与水粉的勾勒，使材质的现代感更出色，展示出作者高超的表现技巧。

某城市街景改造设计·景观设计专业·吴尚荣

某城市街道景观设计·景观设计专业·王东营

某城市街景改造设计·景观设计专业·刘学

海滨酒店景观设计·室内设计专业·马敏

某纪念馆外景观设计·室内设计专业·张成

天津海河沿岸景观设计 • 室内设计专业 • 孙渔

学生体会

这是一幅表现建筑屋顶绿化的设计作品。钢笔线条运用挺拔、帅气，纯蓝色的使用令建筑外观干净利落，而彩色铅笔着色后再用马克笔加深阴影，而适当运用白水粉色提亮，则刻画了植物的形态和层次。

沿街建筑屋顶绿化设计·景观设计专业·朱莹

城市小型生态绿地设计 • 室内设计专业 • 王伟

海滨度假酒店设计 • 室内设计专业 • 刘文敬

学生体会

这是一幅海滨酒店景观鸟瞰表现图。画面色彩协调，层次分明，彩色铅笔作为主要着色工具表现恰当，尤其是对石头的刻画更是逼真传神。

南方某会所设计・室内设计专业・孙玲

休闲会所庭院设计・室内设计专业・李椿生

学生体会

这是一幅表达环境景观设计常采用的钢笔淡彩表现图。钢笔线条运用熟练，不同物体的线条组织表达了对材质的感觉，前景马克笔与淡彩的运用也恰到好处。

沿河酒店外的特色水车设计 • 室内设计专业 • 彭奎奎

书画文化交流中心庭院设计·室内设计专业·常立涛

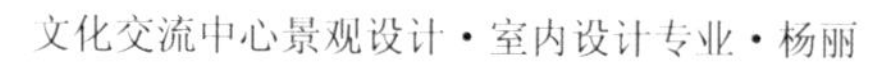
文化交流中心景观设计·室内设计专业·杨丽

学生体会

在设计中，我主要关注中国风格中的意向性，采用圆形门洞形成框景，如屏风般起到隔挡的作用。荷花池作为配合建筑的辅助空间，成为两层建筑的景观焦点，保持了原汁原味的乡土特色。通过本设计，我体会到朴素自然的设计较之于繁复的符号叠加要更加具有实际意义。

中国院子之居・和——酒店设计鸟瞰图・室内设计专业・夏嵩

某艺术展馆景观设计·室内设计专业·张伟建

某艺术展馆景观各角度设计·室内设计专业·张伟建

学生体会

本设计灵感来源于纸飞机，展馆的外形是从纸飞机的变形而来。飞机的尾部为展馆入口，开放而深邃，引人入胜。展馆地上共两层、分内外两部分，还有半陷入式的地下一层。

展馆周围环顾部分为水域，并与地下部分结合，呈轻盈凌空的姿态。展馆外部由混凝土肌理表皮和钢架支撑的大片玻璃墙构成，内部的室内展示和部分半开放式展示相结合，其设计富有独特创意而兼备人性化，让展馆更能体现本身特质，提升展示效果，丰富了想象空间。

某公共建筑景观设计之一・室内设计专业・吴明

某公共建筑景观设计之二・室内设计专业・吴明

第三章 居住区景观设计与表现

居住区是一个城市的基本单元，它直接和城市居民的生活、工作、休憩息息相关。在满足基本生活需要的前提下，人们愈来愈重视居住区的景观设计，它对人们的生理健康和心理健康乃至社会交往都有着重要影响。随着现代社会的不断进步，人们对居住区景观的要求不断提高，进而影响到开发商和设计师对居住区景观的设计有着更高的追求（如图3-1、图3-2）。

图3-1 居住区庭院景观

一、居住区景观设计的组成要素

(一) 绿化

绿化系统是整个居住区景观设计的重要部分。绿化设计已不是简单的植树种草、“披上绿化不见黄土”的低层次阶段，而是在满足人们视觉感官要求、改善空气质量的同时，更贴近人的需要，结合景观生态学的原理，创造高品质的居住环境。绿化系统是一个小区的天然净化系统，它创造了人与自然自由交流的景观空间，是创造生态景观的前提。

居住区内的绿化系统主要通过点、线、面结合的方式来体现。

（1）点：居住区内宅间绿地、宅旁绿地等面积较小的点状绿地。

（2）线：主要通过道路绿地来体现，它起到串联整个居住区绿地的作用。

（3）面：由组团绿地、小区中心绿地、居住区中心绿地等面积较大的块状绿地组成。

图3-2 居住区自然景观

此外，随着用地的紧张以及技术的提高，墙体的垂直绿化与屋顶绿化也越来越多地出现在现代的居住区中，既增加了绿化覆盖率，又丰富了竖向景观与高视点的景观。

绿化系统的设计要注意层次结构，应把居住区中心绿地、组团绿地及宅旁绿化和庭院绿化组成一个有机的整体。树种搭配宜多种一些可以释放有益气体、净化空气、减少尘埃的树种，重视有害气体、有害物质的控制和处理（如图3-3、图3-4）。

图3-3 庭院绿化

（二）水景

古人云："仁者乐山，智者乐水"。自古以来，水就是智慧的象征。水在景观设计中是一个潜力非凡的艺术造型媒介，居住区中的水景以其活跃性和可塑性成为景观组织中最富有生气的元素。源自大自然中水的各种表现形式，居住区中可由湖泊、喷泉、瀑布、小桥流水、荷塘、游泳池等诸多形态组成景点。天然或人工的地形、地貌在水的作用下或静或动，或平静开阔，或飞流直下， 形成宜人的空间景观，满足了人们的亲水情结。

居住区中的水景不单是物质景观，更成为住区中的文化景观。水景设计可以分为静水和动水两种手法，静水多用于庭院，动水则多用于室外环境，二法并用形成动静结合、错落有致、自然与人工交融的水景。再辅以灯光、喷泉、绿化、栏杆等装饰，则可形成居住区内的标志景观（如图3-5、图3-6）。

图3-4 休闲路径绿化

图3-5 静水景观

图3-6 静水景观

（三）道路

道路场地好比是整个居住区系统的骨架，是居住区景观设计不可缺少的基础，它支撑着整个系统，供人们行走、锻炼身体、交谈融情，这些是它的使用功能。而行人对环境景观的认知通过线性的道路得以延展，因此道路有着更为重要的景观功能。道路作为车辆和人员的汇流途径，具有明确的导向性，道路两侧的环境景观应符合导向要求，并达到步移景异的视觉效果。道路边的绿化种植及路面质地色彩的选择应具有韵律感和观赏性。在满足交通需求的同时，道路可形成重要的视线走廊。因此，要注意道路的对景和远景设计，以强化视线集中的观景。

道路系统包括车行系统和步行系统两种。自从人车分流的方式被广泛运用以来，这一方式证明是有效的，避免了大量私家车对居住生活环境的影响，保证了居住区的安全和安静。但在车道上排斥了行人，成为单纯的交通空间以后，街道上就缺乏了生活气息，失去了活力。

图3-7 道路铺装造型

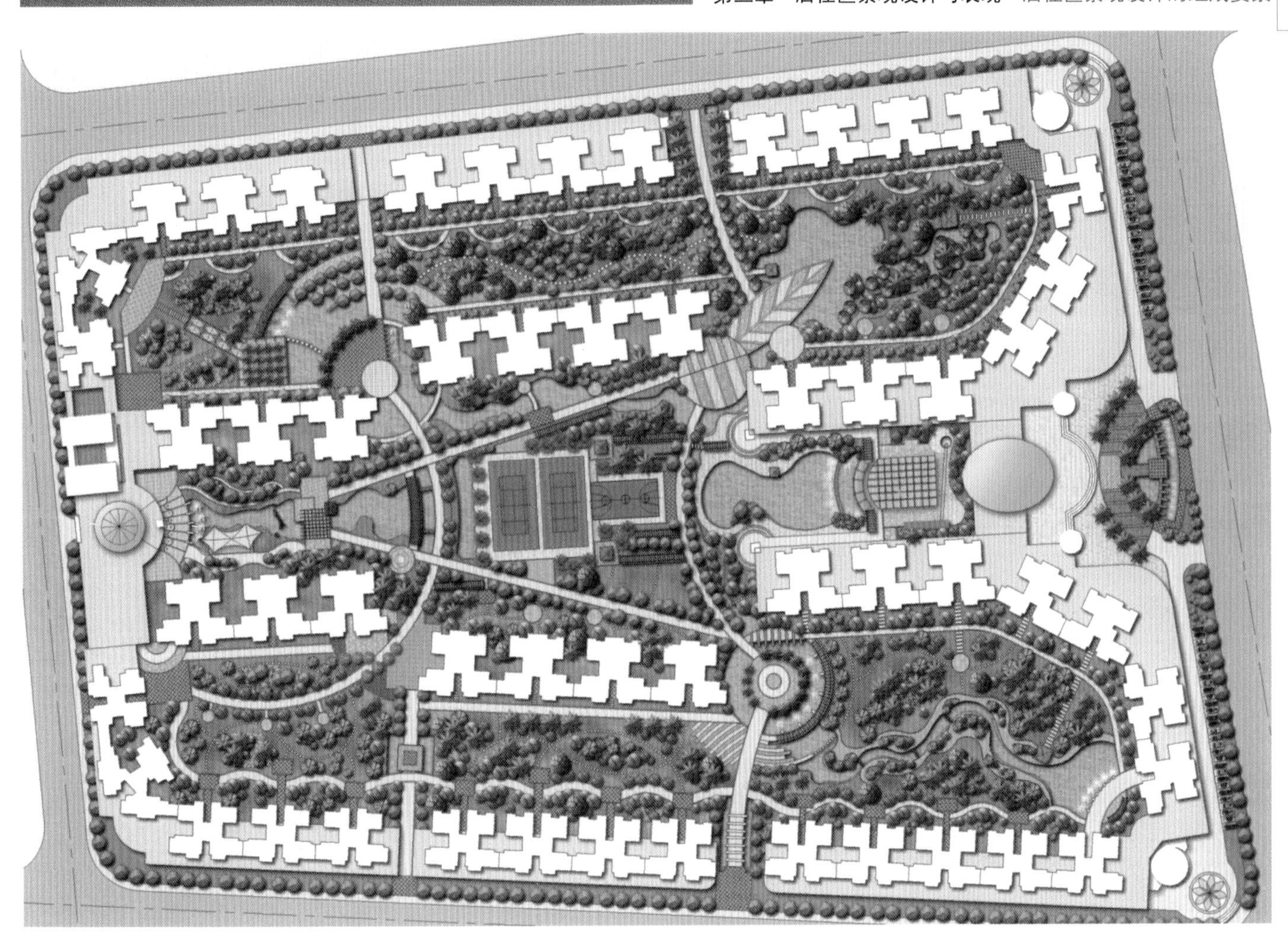

居住区景观设计中强调将交通空间和生活空间作为一个整体来考虑，通过阻止无关车辆的进入，并对街道的线形、宽度、铺装和小品等进行精心设计、处理以降低车速，达到人车共存。以枝状或环状尽端式道路伸入小区或住宅组群内，结合网格式、多样化的人行道和自行车道路系统。在空间形态特征上，枝状或环状尽端式道路设计时结合住宅楼的入口、停车位、廊道和尽端回车场做拓扑变形，扩展出形态各异的院落空间。同时结合绿化、铺装划分空间并提供人的尺度等，作为满足多种功能的居住性公共场所，即作为邻里交往、临时停车及儿童和老人活动场地。同时道路也起到景观欣赏的路径作用，通过巧妙的设计可以达到中国古典园林中步移景异的效果（图3-7、图3-8）。

图3-9 雕塑景观

（四）景观建筑小品

景观建筑小品在景观设计中起画龙点睛的作用。体量不在于大或小，而在于除了要体现本身功能外，还要对环境起点缀作用。根据功能，其可分为四种。

（1）建筑小品，如住区出入口、亭台楼阁、挡土墙等。

（2）公共设施小品，如垃圾箱、路灯、指示牌等。

（3）活动设施小品，如儿童游戏器具、健身器械等。

（4）艺术小品，如喷水池、雕塑等。

前三类设施主要是在满足其功能的前提下，造型、材料可灵活多样，使其更好地融入环境中，增加景观的趣味性、观赏性，丰富空间层次。

图3-10 水溪景观

艺术小品是景观设计的重要表现手法。其中，雕塑能有效地提升空间的文化氛围与艺术品位。传统的雕塑多在绿地的中心部位或结合水池、喷泉设置，成为视觉中心。现在的雕塑无论在造型、材料、色彩，还是设置位置都更为多样化。造型既有具象的又有抽象的，既有真实的又有变形的（如图3-9 ~ 图3-12）。

图3-11 凉亭景观

图3-12 树阵景观

二、居住区景观的特征及设计要求

（一）整体性

居住区环境是由各种室外建筑的构件、材料色彩及周围的绿化、景观小品等各种要素整合而成的。一个完整的环境设计，不仅可以充分体现构成环境的各种物质的性质，还可以在这个基础上形成统一而完美的整体效果。没有对整体性效果的控制与把握，再美的形体或形式都只能是一些支离破碎或自相矛盾的局部（如图3-13）。

（二）多元性

居住景观的多元性是多层面的。从景观设计层面看，是指环境设计中将人文、历史、风情、地域、技术等多种元素与景观环境相融合的一种特征；从景观形态看，可以有当地风俗、异域风格、古典风格、现代风格、田园风格等；从景观功能需求层面看，又分为生态功能、审美需求、休闲功能、防灾避难等等（如图3-14、图3-15）。

图3-13 现代庭院风格的居住区

图3-14 山石装饰的景观

图3-15 水景装饰的景观

（三）人文性

崇尚历史、崇尚文化是近来居住景观设计的一大特点，不再机械地割裂居住建筑和环境景观，而是在文化的大背景下进行居住区的规划和策划，通过建筑与环境艺术来表现历史文化的延续性。表现在室外空间的环境应该与使用者的文化层次、地域文化的特征相适应，并满足人们物质的、精神的各种需求（如图3-16）。

图3-16 体现地域特色的景观

（四）艺术性

艺术性是环境设计的主要特征之一。居住区环境设计中的所有内容，都以满足功能为基本要求。这里的“功能”包括“使用功能”和“观赏功能”。室外空间包含有形空间与无形空间两部分内容。有形空间包含形体、材质、色彩、景观等，它的艺术特征一般表现为建筑环境中对称与均衡、对比与统一、比例与尺度、节奏与韵律等；而无形空间的艺术特征是指外部空间给人带来的流畅、自然、舒适、协调的感受与各种精神需求的满足。二者的全面体现才是环境设计的完美境界（如图17）。

图3-17 体现艺术造型特色的景观

图3-18 体现自然河溪的景观

（五）共享性

居住区景观的共享性主要体现在三个方面：首先，要强调居住区环境资源的均好和共享，在规划时应尽可能地利用现有的自然环境创造人工景观，让所有的住户均能享受这些优美环境；其次，应合理分配公共配套服务设施的指标以及分布，这是所有住户所共同享有的服务；第三，处理好不同开放级别的空间的关系，加强开放空间的共享程度，促进住户间的交流，同时要强化围合功能强、形态各异、环境要素丰富、安全安静的院落空间（如图18）。

（六）舒适性

现代居住区环境景观开始关注人们不断提升的审美需求，提倡简洁明快的景观设计风格。同时环境景观更加关注居民生活的舒适性，不仅为人所赏，还为人所用。优秀的居住区景观的舒适性不仅停留在为人们带来视觉上的感受，让居民体验轻松、安逸的居住生活，而是从人与建筑协调的关系中孕育出精神与情感，以优美的景致深入人心。创造自然、舒适、亲近、宜人的景观空间，是居住区景观设计的又一趋势（如图19）。

图3-19 舒适、自然的休闲景观

三、居住区景观的设计内容

（一）居住区的空间景观

空间环境应该说是一个居住区环境设计的“硬件”。空间景观的营造就是创造最佳的、舒适的、便捷的社区场所，重组单一功能的居住区交通，使区内景观节点地带和代表性建筑与标志物具有连贯性和系统性，从而将人的活动从其居住的“小盒子”里引出来，带入其各自所心仪的环境中，使人在此生活居之安然，陶之自然。

同时，空间景观的营造要以生态学为原则，以人为本，服务于人，补充和满足现代人的生活需求和理想，让人能更直接地接触大自然（如图20）。

（二）居住区的生态环境

在居住区设计中，应重视天然景观资源和生态资源的继承、保护和利用，满足大众回归自然、回归社会的需求。目前人们意识到生态环境是适合各种生物共同生存发展的环境，随着人们生活水平的不断提高，对生态环境也在不断提出新的要求。居住区的生态环境应具有较好的日照和通风条件，远离有害污染源；绿化设施要考虑到生态绿化和景观绿化相结合；住宅单体设计要注意日照、穿堂风、保温、隔热、遮阳、节能等生态问题。居住区的生态环境质量应从绿化面积大小、绿化树种的搭配、住宅日照通风、废水废气处理等方面综合考虑。

生态居住区的可持续发展，意在寻求自然、建筑与人这三者的和谐统一，利用自然条件和人工手段来创造一个有利于人们舒适健康的生活环境，达到宁静、优美、自然、和谐的完美境界（如图21）。

图3-20 游乐设施区域

（三）居住区的视觉环境

视觉环境是指景观设计符合形式美法则，整体色彩的协调、构件的空间有序、以人为本的思想必须在视觉环境上满足人们产生舒适的心理感受。

居住区内的住宅、公建、小品和绿化设施必须进行整体设计。居住区良好的视觉环境应以追求宁静、典雅为主，环境设计应简洁大方，居住建筑单体设计也应以简洁的主体、良好的比例尺度、和谐明快的色彩为主。建筑群体之间应相互协调，做到小有变化，大有统一，形成统一而有变化的空间序列。在平面设计上，应注意视线的干扰，以保证每户的私密性（如图22）。

（四）居住区的人文环境

人文环境是一个软的概念，即文化氛围、邻里交往、社区活动、安全措施等问题。突出以人为本的人文环境设计，就是要创造一个适合居民生活、休闲、社交的环境，巧妙地组合公共空间和私人空间，使居民真正有一个“大家园”的感觉。居住区内融合居住文化、教育文化、饮食文化和娱乐文化，在居住建筑组群、公建、绿化乃至小品建筑方面均要具有文化品位，使人们感受到一种高雅的文化环境的氛围。要从环境的内涵塑造，使居住者在心灵深处感受到浓郁的文化气息，从而陶冶情操（如图23）。

图3-21 自然和谐的境界

总而言之，营造居住区景观，要符合自然法则，遵循生态学原则，尊重和保护原有的景观资源；遵循艺术创作规律，追求建筑、建筑小品和设施等的和谐一致，同时又各有侧重，注意可识别性；要经济实惠，低维护、高安全；要以主导姿态进一步深化和完善规划与建筑的设计，挖掘和赋予特定居住区的特定景观的独特理念和精神，追求自然、社会及经济效益的最大化。通过对居住区科学、合理的设计，来增加生态景观的文化艺术内涵，这是当前营造人居环境的必要途径。

图3-22 变化错落的空间序列

图3-23 高雅的文化环境

四、居住区景观的设计原则

在《居住区环境景观设计导则》中指出，居住社区环境景观设计必须遵循以下原则。

（一）坚持社会性原则

赋予环境景观亲切宜人的艺术感召力，通过美化生活环境，体现社区文化，促进人际交往和精神文明建设，并提倡公共参与设计、建设和管理（图3-24）。

图3-24 亲切宜人的景观环境

（二）坚持经济性原则

顺应市场发展需求及地方经济状况，注重节能、节材，注重合理使用土地资源。提倡朴实简约，反对浮华铺张，并尽可能采用新技术、新材料、新设备，达到优良的性价比（图3-25）。

（三）坚持生态原则

应尽量保持现存的良好生态环境，改善原有的不良生态环境。提倡将先进的生态技术运用到环境景观的塑造中去，利于人类的可持续发展（图3-26）。

（四）坚持地域性原则

应体现所在地域的自然环境特征，因地制宜地创造出具有时代特点和地域特征的空间环境，避免盲目移植（图3-27）。

图3-25 朴实简约的景观环境

图3-26 自然的生态环境

图3-27 具有地域特征的景观环境

图3-28 展现工业文化的景观环境

（五）坚持历史性原则

要尊重历史，保护和利用历史性景观，对于历史保护地区的住区景观设计，更要注重整体的协调统一，做到保留在先，改造在后。

此外，居住区景观的设计包括对基地自然状况的研究和利用，对空间关系的处理和发挥，与居住区整体风格的融合和协调。包括道路的布置、水景的组织、路面的铺砌、照明设计、小品的设计、公共设施的处理等等，这些方面既有功能意义，又涉及视觉和心理感受。在进行景观设计时，应注意整体性、实用性、艺术性、趣味性的结合（见图3-28）。

（六）空间组织立意

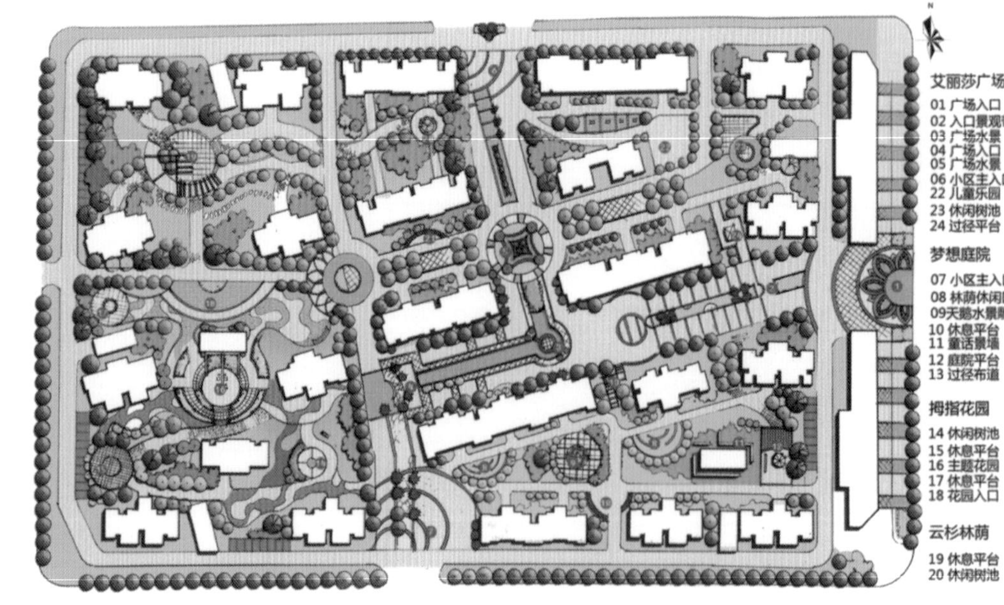

图3-29 居住区空间布局示意图

景观设计必须呼应居住区整体设计风格的主题，硬质景观要同绿化等软质景观相协调。不同居住区设计风格将产生不同的景观配置效果，现代风格的住宅区适宜采用现代景观造园手法，地方风格的住宅区则适宜采用具有地方特色和历史脉络的造园思路和手法。当然，城市设计和园林设计的一般规律诸如对景、轴线、节点、路径、视觉走廊、空间的开合等都是通用的。同时，景观设计要根据空间的开放度和私密性组织空间（如图3-29）。

在现代居住区规划中，传统空间布局手法已很难形成有创意的景观空间，必须将人与景观有机融合，从而构筑全新的空间网络。

（1）亲地空间：增加居民接触地面的机会，创造适合各类人群活动的室外场地和各种形式的屋顶花园等。

（2）亲水空间：居住区硬质景观要充分挖掘水的内涵，体现东方理水文化，营造出亲水、观水、听水、戏水的场所。

（3）亲绿空间：硬软景观应有机结合，充分利用车库、台地、坡地、宅前屋后构造充满活力和自然情调的绿色环境。

（4）亲子空间：居住区中要充分考虑儿童活动的场地和设施，培养儿童友好、合作、冒险的精神。

（七）体现地方特征

景观设计要充分体现地方特征和基地的自然特色。我国幅员辽阔，自然区域和文化地域的特征相去甚远，居住区景观设计要把握这些特点，营造出富有地方特色的环境。同时居住区景观应充分利用区域内的地形地貌特点，塑造出富有创意和个性的景观空间（图3-30）。

（八）使用现代材料

材料的选用是居住区景观设计的重要内容，应尽量使用当地较为常见的材料，体现当地的自然特色。在材料的使用上有以下几种趋势。

图3-30 富有地方特色的景观环境

图3-31 表现特色材质的景观环境

图3-32 点线面结合的景观效果

（1）非标制成品材料的使用。

（2）复合材料的使用。

（3）特殊材料的使用，如玻璃、萤光漆、PVC材料等。

（4）注意发挥材料的特性和本色。

（5）重视色彩的表现。

（6）DIY（Do It Youself）材料的使用，如可组合的儿童游戏材料等。

当然，特定地段的需要和业主的需求也是应该考虑的因素，环境景观的设计还必须注意运行维护的方便。常出现这种情况，一个好的设计在建成后因维护不方便而逐渐遭到破坏。因此，设计中要考虑维护的方便易行，才能保证高品质的环境日久弥新（图3-31）。

（九）点、线、面相结合

环境景观中的点是整个环境设计中的精彩所在，这些点元素经过相互交织的道路、河道等线性元素贯穿起来，使得居住区的空间变得有序。在居住区的入口或中心等地区，线与线的交织与碰撞又形成面的概念，面是全居住区中景观汇集的高潮。点、线、面结合的景观系列是居住区景观设计的基本原则（图3-32）。

五、小结

城市居住区景观环境是城市景观环境的重要组成部分，也是人类停留时间最长、接触最密切的场所。因此，现代居住区景观设计应积极为居民创造舒适宜人的室外公共与私密性空间及符合各年龄层居民行为特点的景观环境活动空间，在发挥景观环境、景观功能的同时，最大限度地提高城市居住区的生态环境质量，满足居民进行社会性活动的需要，保持和发展其地域文化传统，共同营造美好的家园（图3-33、图3-34 ）。

在当今城市的发展中,景观设计越来越体现出它的重要性，需要设计者具有强烈的责任感，并运用科学的方法，设计出优美、舒适的高质量居住小区，塑造出良好的城市形象，真正将居住区建成一个具有认同感、安全感、归属感的“家园”。

图3-33 虚实相间的空间分隔

图3-34 高低错落的空间分隔

六、手绘表现居住区景观设计

生态农庄度假村景观设计之一·景观设计专业·齐南艳、周元琦、王均

教师点评

这个设计是一处依山而建的生态农场的景观规划，设计者运用生态景观的设计手法，并结合当地自然条件，充分利用乡土材料与植物。从景观设计层面看，人工痕迹巧妙地隐藏于自然的、高低错落、层次丰富的植物之中，作为背景的生态建筑又为设计整体增添了些许现代气息。该手绘作品构图饱满，色彩明快中富于变化，人物与近景的留白在画面中起到很好的统一作用。

生态农庄度假村景观设计之二·景观设计专业·齐南艳、周元琦、王均

教师点评

该设计将叠水与树阵结合，使得规则的乔木排列通过跳跃流淌的水流以及丰富的水中植物变得活跃起来，富于层次。作者重点表现了该景观的层次变化，多样的植物色彩与明暗的对比是亮点，营造出炎炎烈日下树荫里与水池边那清凉惬意的景观意境。

教师点评

该作品色调柔和，色彩清新雅致，画面整体感较好。不足之处在于视角的选择以及远处天际线缺少起伏变化，使得构图略显平淡。

生态农庄度假村景观设计之三·景观设计专业·齐南艳、周元琦、王均

教师点评

该作品以建筑为主体，大面积开窗与室外景观联系贯穿。规则几何形建筑与岸线的曲折自然形态形成对比，主体突出。以绿植作为远景，色彩搭配和谐，使得画面的空间进深感较强，层次分明。不足之处在于建筑缺少细节刻画。

水空间休闲餐厅设计·室内设计专业·柯宝贝

教师点评

该作品主要表现居住小区中作为景观主线的河流与建筑的关系。画面整体虚实关系处理得当，色彩丰富且统一，整体感较好。不足之处在于后排建筑的透视存在错误，处理有些草率。

社区水景景观设计·室内设计专业·王家宁

某别墅景观设计·室内设计专业·王家宁

教师点评

该建筑设计隐于山林之中，仿若生自大自然。手绘作品很好地表现出了景观的自然意境，以建筑为构图主体，以常绿针叶林为背景，衬托出环境的幽深与天然。近景树干的留白在画面中更加烘托出静谧的氛围。

小区会所中庭景观设计·室内设计专业·王家宁

教师点评

该景观设计没有过多的装饰，配合建筑的形体与线条，中庭景观整体以几何形为主，构图走向呼应建筑主体，元素较为简单，由层次清晰的点、线、面构成建筑底景。该手绘作品构图饱满，刻画深入，用笔肯定有力，明暗对比强烈，前后的色彩倾向也较为明显，使得画面的空间进深感较强，层次分明。

教师点评

该设计是某社区公共空间一处水景景观节点，不规则形的浅水池与中心规则的圆形小广场由水中汀步连接。亮点是几处构思巧妙的喷水口，细细的水流溅起朵朵水花，灵动了空间。手绘作品整体感较强，水景作为近景是画面的主体，刻画比较细致；建筑作为远景是配景，刻画得简单概括。两者对比鲜明，主次分明。

社区公共空间设计·景观设计专业·朱莹

居住小区外部环境设计•景观设计专业•刘爽

教师点评

在此设计作品中，四角亭及铺装简洁大方，景观墙和水景的搭配独具一格，配上绿色植被和花草的点缀，动静结合恰到好处，使之营造出一种闲趣之美，为平日忙于工作的住宅人群提供了休息放松的好场所。本作品色彩明快、用笔洒脱，整个环境虽然只是寥寥几笔，却表现出空间的特征与意境。

教师点评

该设计运用木质平台、山石、植物、跌水、溪流等自然景观元素，为简洁现代的高层建筑入口营造出一派自然山水之貌，柔化了玻璃钢结构建筑的硬朗与冰冷之感。整个画面以自然景观为主体，刻画细腻深入。

高层住宅入口景观设计•景观设计专业•刘怡斐

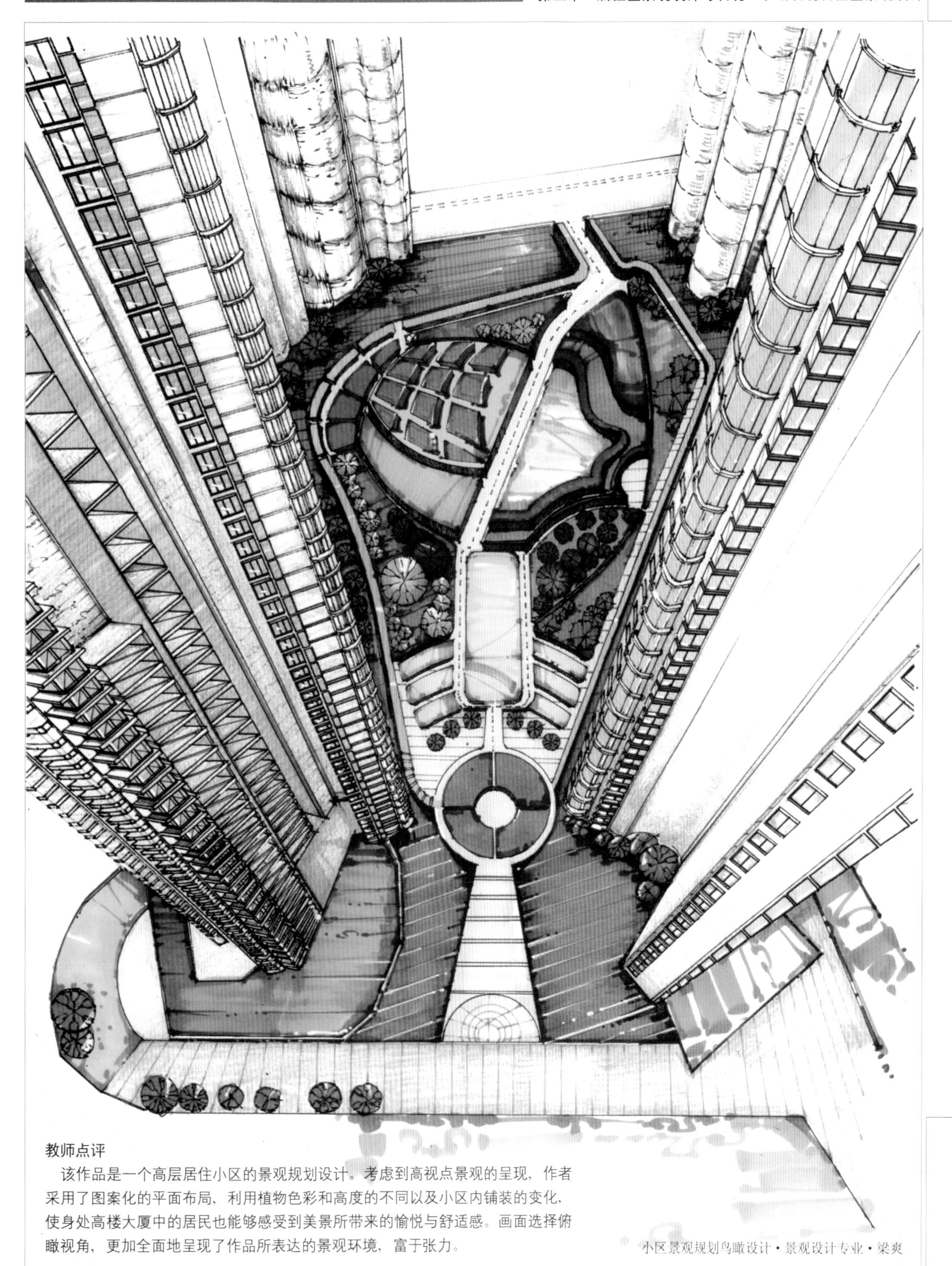

教师点评

该作品是一个高层居住小区的景观规划设计。考虑到高视点景观的呈现，作者采用了图案化的平面布局，利用植物色彩和高度的不同以及小区内铺装的变化，使身处高楼大厦中的居民也能够感受到美景所带来的愉悦与舒适感。画面选择俯瞰视角，更加全面地呈现了作品所表达的景观环境，富于张力。

小区景观规划鸟瞰设计・景观设计专业・梁爽

社区滨水景观设计 • 室内设计专业 • 刘文敬

教师点评

该作品重点表现社区滨水步道景观，利用高大落叶乔木与水生植物以及两岸建筑的高度差，丰富了相对较为单调的线性景观。手绘作品用色大胆，色彩丰富却不杂乱，水平向的滨水步道与刻画细腻、挺拔向上的树木形成对比，金色、成熟的秋日气息扑面而来。

小区景观一角设计 • 室内设计专业 • 王亚南

教师点评

该设计重点突出别墅区中蜿蜒的河道、曲折的岸线以及两岸丰富的植被，营造出生态自然的社区环境。手绘作品用色丰富，笔触柔软，很好地表现出了河流湿地的自然之美。不足之处在于远近画面的色彩对比略显平淡。

教师点评

该设计通过多种景观元素的运用，从水平与垂直方向上丰富景观层次，在统一中求变化，同时与建筑形式相呼应。而手绘作品则在变化中求统一，用色丰富、协调，画面富于变化且显得较为生动。不足之处在于画面前后的色彩与明暗对比趋于一致，导致空间感不强。

别墅区景观设计·室内设计专业·孙小婷

教师点评

该手绘作品结构严谨，色彩亮丽，刻画深入，整体性较强。不足之处在于景观作为主体部分刻画不够精细，而建筑又细节过多，主次不分。

社区景观节点设计·景观设计专业·马静慧

学生体会

我的设计作品是一个住宅小区的景观设计，分为ABC三个区域，主要以生态景观绿色植物的搭配布置为主。

A区：窄小的小道两旁是圆形米白色花岗岩树池，里面有灌木和不同的花卉，边缘小平台可以供人休息，整体有种曲径通幽的感觉。

B区：以临时休息和欣赏为主，中间是带有休息小亭的草坪路，两边有绿色植被和不同颜色花卉，还有小水池进行分隔，零碎的景石点缀，力求创造清新怡人的感觉，能让社区居民在其间惬意放松。

C区：特色花圃展区，绿色的灌木配上不同的形状，把道路切割成多条小道，不同花卉点缀其中。

A区

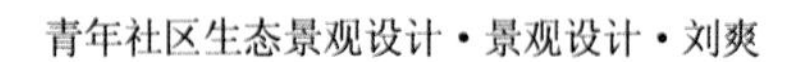

青年社区生态景观设计·景观设计·刘爽

B区

C区

学生体会

本作品是居住小区的景观设计，通过创造一定的人为环境，让人们消除体力疲劳和调剂精神上的疲倦。居住小区内的休息、交流环境应该是宁静的，色彩应该是淡雅的，因此选择了枝叶柔软的观叶植物。通过建筑、小品等现代材料的应用，体现时代特色。在景观营造上，以植物造景为主，坚持乔木、灌木、草坪多层次复式绿化，并在绿地内适当布置了座椅，散步小道、休息凉亭等，以满足人们不同的使用需要。

某景观设计之泽园・室内设计专业・孙小婷

欧式别墅入口景观设计・景观设计专业・彭奕雄

学生体会

这是一例欧式别墅入口的景观设计，以英式都铎元素符号为主，重新进行组合。别墅周边景观以欧式风格为主，营造出乡间小路的感觉。用小叶黄杨作为道路的隔挡，配合花池将人的视线引入到主体建筑上。

学生体会

本手绘作品以建筑作为画面主体，由一条透视感较强的水上汀步延伸连接，营造画面的景深感。这种较远的视角同时能够完整地表现建筑整体的外部环境。

某社区景观设计·室内设计专业·李椿生

学生体会

本作品旨在景观表现中做减法，舍去过多的元素，重点是通过各种植物的搭配，创造出层次丰富、休闲宁静的环境。

小区景观一角设计·室内设计专业·左文荟

学生体会

本手绘作品重点表现社区中的一处欧式叠水瀑布景观，选取略微仰视的视角，突出瀑布的气势。作者对画面主体刻画细致，背景概括，形成虚实对比。

某社区喷泉景观设计・室内设计专业・高博文

某社区景观节点设计・室内设计专业・郭晓红

学生体会

该小区景观节点空间不大，景观元素与层次却很丰富。本手绘作品试图表现这种紧凑且富于变化的景观，运用多种色彩，在变化中求统一。同时对于画面主体深入刻画，表现细节，次要部分用寥寥数笔进行概括，形成主次与虚实的变化，丰富画面空间感。

某度假别墅建筑景观设计 · 景观设计专业 · 王霄君

某文化会所建筑景观设计 · 室内设计专业 · 王家宁

大学单身集约化公寓景观设计之一·室内设计专业·王超、丁宝林、刘娇

大学单身集约化公寓景观设计之二·室内设计专业·王超、丁宝林、刘娇

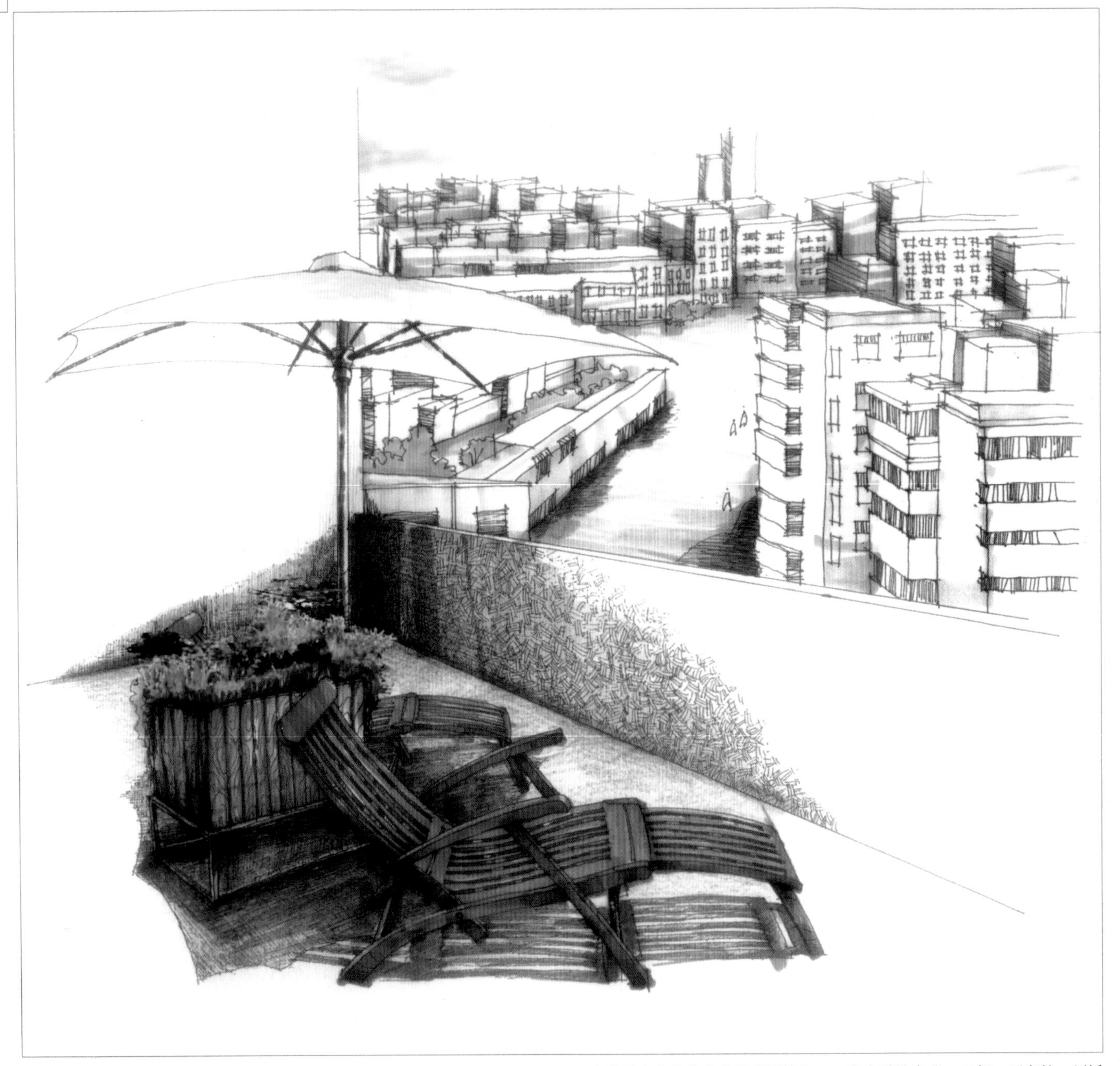

大学单身集约化公寓景观设计之三・室内设计专业・王超、丁宝林、刘娇

参考文献

[1] 邓述平，王仲谷. 居住区规划设计资料集 [M]. 北京：中国建筑工业出版社，1996.
[2] 刘滨谊. 现代景观规划设计 [M]. 南京：东南大学出版社，1999.
[3] 朱家瑾. 居住区规划设计 [M]. 北京：中国建筑工业出版社，2000.
[4] 梁永基，王莲清. 居住区园林绿地设计 [M]. 北京：中国林业出版社，2000.
[5] （美）西蒙兹. 场地规划与设计手册 [M]. 北京：中国建筑工业出版社，2000.
[6] 王向荣，林箐. 西方现代景观设计的理论与实践 [M]. 北京：中国建筑工业出版社，2002.
[7] 金涛，杨永胜. 居住区环境景观设计与营建 [M]. 北京：中国城市出版社，2003.
[8] 冯炜，李开然. 现代景观设计教程 [M]. 杭州：中国美术学院出版社，2004.
[9] 张品. 环境设计・室内设计与景观艺术教程 [M]. 天津：天津大学出版社，2006.